Future Think

HOW TO THINK CLEARLY IN A TIME OF CHANGE

前瞻思维

——如何在变化的时代清醒思考

[美] 伊迪·韦纳 (Edie Weiner)
阿诺德·布朗 (Arnold Brown) 著
杨剑雄 译

中国人民大学出版社
·北京·

译者前言 前瞻思维

21 世纪是个快速发展和变化的时代，每时每刻、每分每秒都会有新事物不断涌现。生活在这个日新月异的环境中的我们，应该用怎样的思维和意识去把握时代的脉搏呢？

每个人都会习惯性地按照自己的经验和知识去思考问题，但在多年积累知识和经验的过程中，人的大脑中也会堆积太多“无用的干扰信息”，导致你常常犯一些经验性的错误。正是由于这些原因，我们常常无法有效地把握未来的发展变化趋势。

《前瞻思维》（*Future Think*）是一本系统介绍思维方式和思维技巧的书，它通过独特的理论和大量的事实论据，向读者揭示了普通人思维模式中常常存在的误区，提出了很多具有创造性的观点，并总结了如何摆脱“思维陷阱”和“脑力累赘”的方式方法。

本书的作者伊迪·韦纳和阿诺德·布朗先生是资深的心理学专家，在美国具有很高的知名度。他们为数家公司提供战略思维方面的咨询，帮助很多企业起死回生。不论是经商也罢，生活也罢，任何事情都离不开人脑的思维。因此，本书的翻译和引进显得非常必要：我们只有掌握了正确的思维方法，才能使自己更好地规避风险，顺应趋势。

本书的翻译工作历时 3 个多月，克服重重困难才最终完成。在此，我要特别感谢姚倩对本书翻译工作的鼎力相助，正是她在相关专业知识以及英文翻译方面的建设性建议，才使本书的翻译得以最终成功。同时，我还要感谢我的父亲杨大忠、母亲熊先迎以及胡小昆、凡伟、兰玉、张玉言、张永磊、周京、殷连金、曹军辉等好朋友，他们在我翻译本书的过程中对我的生活给与了无微不至的关怀与照顾。

感谢闻洁老师推荐我担任本书的翻译工作，感谢吴丹和黄姗姗两位编辑的精心加工，使本书内容和行文更加准确和流畅。

鉴于本人水平有限，书中可能存在商榷之处，敬请读者批评指正，来信请致 clarence419@163. com。

杨剑雄

2008 年 10 月

作者前言 前瞻思维

很明显，未来总是充满了各种变化。我们对“变化”的观察始于卡桑德拉（Cassandra）的故事。卡桑德拉是特洛伊国王普里阿摩斯（Priam）的女儿，她的美貌吸引了太阳神阿波罗（Apollo）。阿波罗为了追求她，给予了她能够看到未来的力量（显然，他没有听说过珠宝一类的东西更能讨好女孩子）。但当求爱遭到卡桑德拉拒绝后，阿波罗确信，其他的特洛伊人将不会相信卡桑德拉的预言。

这个关于卡桑德拉的故事告诉我们，只有关于未来的信息是不够的。你必须看到预言家所预见的东西，并相信那些东西——最重要的是，你要知道如何对那些东西作出反应。

商业文献中的陈词滥调以及管理方面的奇思妙想在当今社会中是如此流行，以至于很多人都忽略了该如何正确地进行思考。在花费了超过35年的时间来研究那些混乱的、持续不断的变化后，我们发现，只有当你把关于未来变化的客观信息与逻辑清楚的思考结合在一起的时候，你才能准确把握住未来。在过去的日子里，我们还创造了很多思维技巧，这些技巧能够有效地协助（或训练）你，让你的大脑可以时刻准备接收变化着的信号，这就如同农民必须为播种庄稼而时刻准备好自己的土地一样。这些思维技巧是将你的思想从猜疑、偏见、臆断以及“囚犯”心理等各种心理陷阱中解放出来的最佳方式。

心理学家所谓的“疏忽性盲目”现象已经在一些非凡的实验中得到证实。2004年3月《美国科学》杂志（*Scientific American*）上的一篇报道描述了这样一个实验：实验者被要求观看1分钟的篮球赛视频，并留意一支球队共传球多少次。在这段视频播放了大约一半以后，屏幕上出现了一只大猩猩，它甚至还穿越了整个篮球场，但一半的实验者竟然没有注意到这只大猩猩的出现。你越是集中精力于某件事物上，你就越有可能忽略掉那些意料外的东西。就好比当你开车的时候，你必须在集中精力于前面的路面行驶状况时频繁使用后视镜和侧视镜，这样，你才能让自己了解到后方或侧方有可能发生的情况。

我们在本书中描述的技巧是经久不衰的，因为它们源于自然原理、思维的多元化、长期的观察以及良好的常识。所以，通过本书，你能清晰地看到未来的格局、衡量各种可能出现的选择、很好地理解趋势并把握未来，你还能做出创新性的决定以影响未来将有可能发生的事情。

很多人相信，如果他们在抽奖活动中赢得了头奖，那么他们的生活将一帆风顺。然而，统计显示，这类中奖者中的大部分人在几年后都宣布破产。这是为什么呢？显然这并不是钱的问题，而是你必须要让自己的大脑有正确的意识。

我们花费了超过30年以上的时间来研究世界500强公司、各种职业和交易协会、已启动的风险投资公司、政府机关、学术机构以及日常生活中的个人。然后，我们（经常是用很艰难的方式）发现，在理解未来可能发生的事情上，既有好的方法，也有差的方法。

外在矛盾常常使“看清未来”变得很困难。对每一个行为来说，物质世界中都存在着与之相同的（和相反的）反应。在社会世界、经济世界和政治世界中，这个道理同样适用。对于那些不能理解趋势/反趋势（参见本书第2章）的人来说，世界只会朝着单一方向运动，因此，他们总是会对自己不能预见的新事物和新力量感到格外好奇——这就是关于思维技巧方面的一个例子。在我们对思维技巧的多年分析、咨询及演讲的过程中，常常会用到这个例子。

有效思考的技巧

关于卡桑德拉的那个神话故事是一个非常出色的比喻。正如你将在本书中所看到的那样，这样的比喻能够帮助你建立良好的感知和理解，因为它们能够帮助你通过抓住事物的背景来看其本质。例如，通过一场橄榄球比赛，你能够了解到竞争激烈的零售业的本质，还能学会如何吸引并留住顾客（参见本书第 14 章）；理解了铁路的历史，你就能以同样的视角去看待互联网，更为重要的是，你能够清楚地发现那些经常被遗忘却非常有价值的资产（参见本书第 13 章）。

让我们再转向数学原理（比如，大数定理）来帮助你看清那些越轨行为以及恐怖主义事件爆发的必然性（参见本书第 9 章）；在物理学上，热力学第 2 定理解释了为什么被当作基准的东西也常常会出错，以及为什么你需要对任何公式都进行彻底的分析用以确定那些公式到底是切合实际的，还是仅仅是一些迂腐的陈词滥调（参见本书第 7 章）。

这些观察方式是简单可行且具有启发性的，在当今社会中，（对于帮助人们进行正确思考而言）它们比以往任何时候都更加关键。

关于"外部环境状况"的信息来源有很多，某些组织甚至为这些信息花费了大量的金钱。但是如果这些组织忽略了如何最有效地去思考这些信息，那么，他们所花掉的大量金钱、时间和资源都将是毫无意义的浪费。

"9·11 事件"爆发后，外界对美国的智能设备进行了强烈的批评。《纽约时报》（*New York Times*）的专栏作家托马斯·弗里德曼（Thomas Friedman）在评价那些批评的言论时写到："9·11 事件"的发生不是美国智力方面的失败，而是想象力方面的失败。美国政府拥有信息——很好的信息，但它却不知道如何用最有效的方式去思考这些信息。正如小说家 John le Carré 所写的那样："如果智力不能得到明智的利用，那么即使是最伟大的间谍也将一文不值。"

这不仅仅是关于信息

当我们俩从20世纪60年代起开始追踪各种事物的变化时，我们学到的第一件事情就是，人们对信息作出反应的方式和信息本身一样重要（如果不是更加重要的话）。例如，我们发现，人们对于变化的恐惧使得他们总是拒绝或否定关于变化的任何信息，甚至在面对大量的竞争和技术力量时也是如此。所以，我们必须在不改变信息真实性的基础上找到一些方法，来帮助他们发现蕴藏在事物变化中正面、积极的可能性部分，让他们丢掉或去除那种视变化为威胁的想法。这意味着要鼓励他们去多看看变化的积极意义。

同样的，在有效利用关于"变化"的信息的过程中，不管我们在哪儿遇到了障碍，我们都应该去寻求并检验那些合适的技巧。那些技巧不仅能够帮助我们在面对信息时变得更加明智，还能使我们更好地用"应该使用的"方法来处理信息。"'发现'的真正过程，"马塞尔·普鲁斯特（Marcel Proust）写到，"并非存在于'新大陆'之中，而是存在于新的眼光和视野之中。"或者，你也可以在本书第1章（用"外星人的眼睛"来看世界）的内容里去寻找答案。

一个顾客曾经告诉我们，与我们的相遇令他有一种"醍醐灌顶"的感觉。我们的思维技巧唤醒了他的意识。听过我们演讲的听众都摆脱了原来那些老套的、懒惰的定性思维以及所有人都常常会有的下意识反应（因为这些下意识的反应似乎毫不费力）。人们的脑海里通常充斥着太多没用的陈词滥调，以至于仅有10%左右的大脑空间能被自己充分有效地利用。我们所提供的思维技巧将提高你的大脑利用水平，并能让你充分享受这种脑力锻炼所带给你的收益。

这些思维技巧都通过了长期实践的检验。我们已经将这些技巧传授给了所有的听众，这些听众中既有公司、协会或政府的领导，也有专业人员和中层管理者组成的团体；既有企业家也有青少年。无一例外，所有顾客的反应都非常好。我们的演讲常常被顾客在其办公室里引用；听过我们演讲的人或各类专家（无论是人类学专家还是商学院的教授）会常常在他们撰写的文章里提到我们；我们总是被问及，能否将我们的思维技巧以文字的形式提供给广大顾客。人们似乎都在等待一种可信且有用的指导方针来掌控这个全新的、陌生的世界。

当被要求用一句话来概括我们所做的工作时，我们的回答是：给予希望。我们能帮助你看到，你所做的事情并不一定会成为事物变化的牺牲品；相反，你能够控制事物变化后的结果。

希望是重要的。我们生活在一个充满了快速、大量变化的时代，正如托马斯·佩因（Thomas Paine）所说的那样，这是一个能改变人们灵魂的时代。这同时也是一个令人心慌的时代，因为变化是可怕的。再次引用里·卡里的话："害怕的人从不学习。"

当你阅读本书时，我们建议你抛掉脑海中那些阻碍你看清事物的累赘。在今天（和明天）这个快速变化的世界里，重要的不是你知道什么，而是你能够学到什么，以及你能够正确地利用什么。正如亚里士多德（Aristotle）写的那样："在现实中，最终的目的不是学习那些关于'应该做什么事'的知识，而是如何去做那些事。"我们希望本书能够帮助你去做那些事。

伊迪·韦纳（Edie Weiner）

阿诺德·布朗（Arnold Brown）

[illegible]

[illegible]

[illegible]

[illegible]

目 录 前瞻思维

第Ⅰ篇 个人陷阱：发现变化、理解变化过程中存在的个人偏见及障碍

第Ⅰ篇

个人陷阱：发现变化、理解变化过程中存在的个人偏见及障碍

你从出生之日起（甚至在出生之前）便开始学习。你学习那些塑造你思维的词汇、文化习俗、父母的信念，以及那些令你愉快或厌恶的审美观。在学校里，你用老师和教科书教你的方法学习历史；在现实社会中接受（拒绝）某些理论的基础上，你会学会认识这个物理世界；你还学会了用特定的方式来表达你自己，那样，你便可以在班级里获得成功并与其他学生和睦相处。

随着年龄的增长以及知识的增多，越来越多的“脑力累赘”也将被载入你的意识。那些意识成为你的思维、你的信念以及你解决问题的方式。

如果你继续获取专业知识以谋求职业上的发展，那更多的东西将被载入到你那已经塞满各种知识的大脑中（就如同将大量货物塞进满载的货车一样）。尽管你想在各个方面（木工活、医务工作、会计工作、教育事业或政治事业）都出类拔萃，但太多的累赘塞满大脑是会带来负面效果的。太多的脑力累赘会阻碍你的视野、限制你自由地理解问题，并且在不知不觉中将你推入一个四面环墙的世界——在那个封闭的世界里，你相信你自己永远不会被那些自相矛盾的世界观或任何新兴事物所影响。

专业的限制

作为趋势的分析者，我们不会仅仅依靠医生的帮助来预测医疗保健行业的未来，也不会仅仅依靠军队长官的观点来界定国家以后的保安状况。通常，人们通过各种（职业的或私人的）方式了解到了很多关于他们所知事物的方方面面，以至于他们总是用相同的观点来看未来。无论是银行家还是面包师，我们都通过花费在工作上的时间来获取精神和物质奖励，并以此来得到我们应有的地位。我们的自身利益是保护并确定这样一个信念：其他人要想获得和我们同样的地位，就必须付出同样的代价、学习同样的东西并且用同样的方式做事。毫无疑问的是，我们总是对来自外界的新的竞争和那些暴发户感到震惊。暴发户们总是质疑现行事物的运行方式并不断通过实践来证明，我们平常所做的很多事情都是无效的，甚至更糟糕的是，我们平常所做的事情与即将来到这个世界上的事物很可能是毫不相关的。

有时，某个人拥有了太多的信息以至于连自己都难以分清哪些信息才是对自己真正有益的。这种情况出现时，我们就称之为**“知识障碍”**(educated incapacity)。的确，为了变得强大，为了在通向21世纪的快节奏旅途中生存下来，你需要有准确的选择来摆脱所有的“知识障碍”——也就是那些令你无法作出适应性变化的知识累赘。随着经验的日趋丰富，你会发现，忘掉一些东西比学会一些东西更加困难。

日语中的“sunao”意思是“不受限的思维”。日本的工业家先驱松下幸之助（Konosuke Matsushita）认为，sunao精神是非常关键的。“没有它，”他写到，“一个人既不可能获得管理上的真正成功，也不可能获得生活上的真正幸福。”但人们总是习惯性地用那些熟悉的词汇和描述来定义各种事物（不仅如此，那些老套的词汇还是你之前遗留下的产物），在这样的情况下，你如何能够解放思维呢？

即使是各个时代最出色的思想家也会在他们各自的思维陷阱里被困住：托马斯·爱迪生（Thomas Edison）曾经认为，交流电（AC）的广泛应用将会使整个城市被烧为平地；英国的科学家们在研究火箭技术的初期，认为飞船没有任何可能脱离地球的地心引力，因为单单是燃料的有效载荷就将否定飞行的成功；在铁路诞生之前，那些“机敏的”、“博学的”专家们都认为人类行驶的速度不可能超过每小时15英里，因为如果是那样的话，人必将七窍流血而死。

古代那些所谓的天文家实际上对太阳系的基本运动都一无所知，他们那点天文学知识完全是自己假想出来的，正是哥白尼（Copernicus）挑战了那些传统的智慧；史蒂夫·乔布斯（Steve Jobs）和其他的个人电脑先驱们率先意识到了家用电脑的美好前景，而当时的那些电脑专家们都认为电脑仅仅只是玩具而已，实际上，数字设备公司（Digital Equipment Corporation，DEC）的首席执行官肯·奥尔森（Ken Olsen）曾经表示，他找不到任何理由去相信每个人家里会想要一台电脑；当一家胶粘绷带的生产商将工作的重点放在产品分类上面的时候，即使是那些接受采访的美籍非洲顾客也没有提到对暗色绷带（darker bandage）有需求；某家大型制药公司的研究员会在40岁左右的时候拿到最高水平的薪水，因此，如果在这些研究员退休之前一直雇佣他们，代价会非常昂贵。但同时，公司人力资源部的执行长官却还在为那些新进公司的毒物学专业的化工类毕业生支付同样高水平的工资。即使是那些专家，也没有考虑过将原有的研究员培养成毒物学专家的可能性。

向那些假设提出质疑

专家们总是在“知识障碍”的车轮上运转，却很少去检验一下那些常用的假设或者去改变一下自己的知识构架。如果他们真的那样去做的话，一些令人吃惊的事情就会发生。

想象一下这样的情形：如果你已经知道了某人站在某个特定的地方，那当他继续保持在那个同样的地点时，你就不太可能去留意他的位置。你听到他在说话，那么，你会让自己的大脑留出一小部分空间来继续听他讲话。如果这个人倾向于赞同你的意见，你甚至更不会在思想上去争辩和考虑他的观点；相反，你会放松自己，惬意地相信自己的理解将会被证实。但是如果你认为自己知道某人所站的位置，但他却用向相反方向移动的方式来迷惑你，那会产生怎样的后果？你不得不更加专注地留意他的位置，因为你的头脑在此时是迷茫的。你会发现，现在的情形就好比是在把一个方头的钉子钉入一个圆形的孔里。你必须计算、反省并且重新考虑你自己的观点。这就是为什么伟大的领袖在事物朝着与其历史记录相反的方向发展时仍然能够取得不朽突破的原因所在。这就是为什么民主党人比尔·克林顿（Bill Clinton）会改革社会福利。

在这个日益复杂的世界里，人们有更多关于“恐怖主义的未来”以及“教育的未来”等一系列的疑问。大家都期待专家们能提供答案。但如果你和那些专家们都正在问着一些错误的问题（这是经常会发生的情形），那答案又将是怎样的呢？

摆脱那些“脑力累赘”会很困难，也会令人感到害怕；但它同样也能让你感到愉快、充满力量并得到好的回报。在当今这个不断变化的世界里，摆脱“脑力累赘”的确是一件非常必要的事情。

为了使你能克服各种“知识累赘”的困扰，我们有4个非常有用的思维技巧：**“通过外星人的眼睛来看世界”、“趋势/反趋势”、“用钟摆代替螺旋”**以及**“两极赋予中间部分更多信息”**。它们中的每一个都能够帮助你摆脱一些脑力累赘并能让你在思考问题时变得更加灵活。而如果你掌握了上面所有技巧的话，你将不仅能够从“那是什么”的角度去考虑问题，还能从“那会有什么可能性”的角度去全新诠释事物的变化。

第1章　通过外星人的眼睛看世界

只有两种具有智力的生命形态不会被“知识障碍”所困扰，那就是来自其他星球的外星人和孩子。

大约30年前的一部加拿大卡通电影向我们讲述了这样一个故事：两名外星人被派往地球，他们的任务是监视地球并把地球上的情况汇报回自己的星球。在地球上呆了两周以后，这两名外星人得出了结论：地球上居住着一些有四个轮子的叫做汽车的东西，每辆汽车都拥有至少一个长着两条腿的叫做人类的奴隶。每天早上，闹钟会发出巨大的噪音把人类叫醒，这样，他们会将汽车带到一个俱乐部（停车场）去，在那儿，汽车会呆上一整天。而同时，人类会进入到一座大厦里去工作来供养汽车。这部卡通真是让我们大开眼界，它让我们清楚地意识到，从一个完全没有偏见的角度来看这个世界，我们会发现一些与众不同的事实。

图像—背景原则

“图像—背景”实验（就是用至少两种以上的方式来看清某幅图像的实验）告诉我们同样的道理。在讲解“图像—背景”原则的时候，我们通常会使用一幅有花瓶（图像）的插图，而那个花瓶同样也能被看做是两张脸的轮廓（背景）。你可以从该图中看到两种不同的画面，这取决于你将目光集中在哪个方面。

作为一个心理学专业的大学毕业生，韦纳（Weiner）发明了一个以“图像—背景”原则为基础的实验。这个实验用了3幅图，每一幅图都是专门为此研究而设计的。其中一幅图是一个钻石，它的每个角都被削掉，本身被削成了原来的1/4，只在画面底部剩下一些弯弯曲曲的线条。该实验中有20位实验者，其中10位被告知，那幅画中的图像是在蓝天白云下飞舞的风筝；而另外10位实验者则被告知，那幅画中的景象是一扇由4个长方形组成的窗户，窗户上挂着窗帘，窗台上还放着一些花。经过10分钟的休息后，每位实验者被要求画出刚才在画中看到的图像。结果每个人画出的图形更像是他或她被告知的那样东西，而不是他们本身所看到的图像。那些被告知是“窗户”的人画出了一些弯曲的窗帘及一些花朵；而那些被告知是“风筝”的人则画出了白云，甚至还画出了风筝线。当他们第一次看这幅图的时候，他们被告知的东西就决定了他们对图形和背景的感觉。这就是典型的“知识障碍”。

这种情形概括起来就是：如果你看到的是风筝，你就会想到风筝线；如果你看到的是窗户，你就会想到玻璃。**风筝**：天气很重要；**窗户**：天气与之无关；**白云**：做白日梦才用的东西；**花盆**：买泥土。你对所有事物（包括产品、服务、行为和各种产生作用的系统）的感知总是在不停地改变，这完全取决于你将目光锁定在事物的哪个方面。你的感知是你受教育的产物，也就是我们所谓的“知识障碍”。我们将在接下来的部分中讨论另外4个案例。

案例1：男性/女性

在现代社会（农业、工业及后工业时代）的若干个世纪中，人们一直认为，男人的经济地位更加重要，而妇女的经济地位则要弱得多。由于多数的产品、工艺及服务都是通过人脑中感知的画面设计而来，因此，所有事物（不管是金融服务还是公司结构）都主要反映了男性的需要。

然而，当我们步入21世纪并试着调整一下我们的镜头、通过外星人的眼睛来看这个世界时，我们会发现，女性（“图像—背景”实验中的“背景”）清楚地成为“图像”。

首先，她们在世界的成年人口中占了绝大多数；其次，她们在经济、政治及社会工作中做出了异常杰出的贡献（尽管在科学和技术方面的代表性人物还远远不足），她们既能给领导人出谋划策，也能够直接领导国家。在一些可自由支配收入的国家，越来越多的妇女成为家庭收入的惟一来源，而且很多女性还独立承担起抚养子女的责任。据《纽约时报》在 2004 年 3 月 24 日的报道，在新世纪的初期，冰岛新出生的婴儿中有 62％是由未婚母亲所生，这个比例在挪威是 49％；在法国是 41％；在英国 38％；在爱尔兰是 31％。

在某种程度上来说，这意味着我们必须学会让妇女更有效率地在市场上进行商业活动。但是外星人在看了当今的现实之后，会朴实地认为，地球上大部分的产品和服务都是为女性**设计**的，而需要提高在市场上的活动效率的恰恰是男性。

通常，当上述观点被提出的时候，大部分反对的声音会来自于女性。她们坚信，在产品和服务是为谁而设计的问题上，男性和女性之间应该是没有分别的，并且在购买力方面，她们也应该和男性享有同样的权利、得到同样的尊重。这证明了你不可能仅仅通过审视女性的方法去理解将来的女性市场会如何发展。同男人一样，她们对以前的事物知道得太多，因而也很难看清事物将如何变化。

一个新的观点

举例来说，看到当今的金融服务以后，外星人可能会设计出一些完全不同的保险和储蓄工具。女人在一生中面临着各种不同的、意义深远的风险：她们遭受着怀孕和生育的痛苦；遭受着更年期给自己带来的生理和情绪上的折磨；遭受着独自度过晚年的寂寞；承担着抚养后代及赡养父母的责任；在爱情中遭受着年龄的阻碍；还在工作中遭受着经济方面的歧视。

以美国的残疾人保险为例。以前，这项保险是只卖给男性（家庭收入的主要获得者）的。明智的商人（以及大型保险公司）在职业女性越来越多的情况下，现在也向女性出售保险。他们持有的观点是，男性和女性是平等的。这显然也回应了妇女日益重要的经济角色，同时也肯定了男女残疾人应该受到同样的保护。

现在，让我们提出这个问题：在一个夫妇都工作且家中有若干孩子的家庭中，若妻子的收入要多于丈夫，那么，谁是最需要残疾人保险的？大多数明智的人可能会选择妻子。但对于那些没有“脑力累赘”的外星人来说，答案确是孩子！这是因为，当妻子在家庭中的经济地位发生变化的时候，**每样事物**都将随之发生着改变——包括孩子健康的价值。健康的孩子让父母（尤其是母亲）能够外出工作，而不用整天待在家中照顾自己或者因为雇专人来照顾自己而支付昂贵的费用。在当今这个“脑力工作”占主导的时代，成年人的某些身体残疾并不一定会让其完全丧失挣钱的能力，但是，孩子的残疾则需要耗费社会和家庭的昂贵资源（时间、精力和金钱）。再重复一遍：当你把图像和背景倒过来看的时候，**每件事物**都改变了。**每件事物！**

案例 2：年轻/年老

另外一个关于“知识障碍”的“图像—背景”原则与人的年龄有关。在现代社会的历史中，大多数国家人口的平均年龄在 40 岁以下。在过去的半个世纪里，所有关于人口方面的市场数据都基于这样一个假设：超过 60 岁的人就是一组特定的人群。由于要针对不同年龄段的人进行研究，我们经常都能看到一些以“18 岁”为起点来对人口进行分组的方式。研究者们通常会把人口按照若干年龄段（18 岁～25 岁；26 岁～30 岁；36 岁～45 岁；46 岁～55 岁；56 岁～65 岁；66 岁以上）进行分类，然后分别考察各个年龄段人的思想及行为。在“图像—背景”实验中，65 岁以上的人群会被当作是“背景”，而“图像”则由年轻的人群所组成。而奇特之处在于：这种分类在当前竟然仍旧是标准。为什么会如此奇特？让我们考虑一下人口调查局以及国家老年机构得出的结论：到 2030 年以前，有近 1/4 的欧洲人将超过 65 岁；在北美，这个比例接近 20%。整个欧洲都在老年化，但不仅仅是欧洲，中国和日本也有非常严重的老年化问题（见本书第 10 章“人口状况”）。

一个新的观点

外星人看到的是：在工业化社会里，**老年人**将成为“图像”，而剩余年龄段的人则构成了“背景”。在未来的日子里，我们绝不能小看这种观点的重要性。记住，当“图像”和“背景”改变原有的位置时，**每件事物**都改变了。在这个例子中，这意味着整个**生命周期**的改变。

65岁的退休年龄是在20世纪被确定的。以前，成年男性工作者的平均寿命是67岁左右，所以，一个男性工作者在到达自己65岁生日之时，离自己生命的终点也就仅仅数月而已；今天，成年工作者（包括女性工作者）的平均寿命已经上升到80岁左右，用相同的逻辑来计算的话，官方的退休年龄现在也应该定为80岁。

50年前，作为一个男性的大学毕业生，你可以期望在正式退休前工作大约40年。在职业生涯的早期，你会专注于事业的上升和家庭的成立；在职业生涯的中期，你会专注于家庭日常消费以及子女的教育；而在剩下的职业生涯中，你将使自己在收入方面达到顶峰并会为提前退休做好准备；然后，一切的工作都完美地结束了，你将在退休的日子里充分享受垂钓和园艺的乐趣。

让我们再看看当前的现实。“婴儿潮”时期出生（1946—1964年之间）的人也许能够活到超过80岁，因此，他们不得不提前想好自己在年老时应该做些什么。65岁时的他们认为自己无论在生理上还是精神上都依旧正常，但工作的单位却在他们50岁时就嫌他们太老了。对于某些在62岁退休的男人来说，他们的妻子也许还正处于其事业的巅峰期，她们当然还不想立刻就辞掉工作并在剩下的30年生命中都去陪伴她那退休了的丈夫。现在，很多刚从大学毕业的年轻人非常期望自己的工作年限能维持在65**年**以上。

年轻的孩子们想在毕业后就加入一个爵士乐队或Aspen的滑雪队。这也许是个不错的主意，毕竟，在22岁的时候做这些事总比在80岁才去做更好，尽管没人会阻止年龄大的人做这些事。在他或她的正常意识里，没人会希望在同一个工作岗上呆60年，他们希望自己的第2个、第3个工作能令自己不断得到提升。这同他们对自己的第2段、第3段婚姻的想法是一样的：如此多的离婚（然后，又再次结婚）的现象，使得很多孩子都有了同父异母（或同母异父）的兄弟（或姐妹），有的这些兄弟（或姐妹）年龄大得甚至可以做他们的叔叔或婶婶。对于那些出生于1965—1978年的“X一代”来说，他们已经不得不开始照顾其出生于“婴儿潮”时期的父母。《今日美国》（*USA Today*）在2002年的

4 月发布了一篇由 Sage Products 所做的研究报告，该报告称，20%的“X 一代”每周会花上 30 小时～49 个小时照顾父母。

人们必须在 20 岁的时候就开始为退休后的生活做储蓄方面的准备，因为，如果你到了 50 岁的时候再考虑工作 30 年来养老，就会太迟了（尤其是在公司提供较少养老金的情况下）。

市场中是否也会有类似的反映？那些抱怨销量下降的时尚品牌厂商及零售商现在仍然只关注年轻消费者，而那些有购买力的中老年妇女只能在极少地方买到既时髦又适合其身材与年龄的服装。为中老年妇女提供产品成为时尚品牌 Chico's 能够持续获得成功的原因之一。这个现象说明了这样一个事实：由于世界人口的进一步老龄化，那些新的或重新设计的产品、服务必须要能够满足处于生命周期中各个不同年龄段的特定人群。在外星人的眼中，这是理所当然的。但大多数的人仍然陷在原有模式的误区里：他们仍然把年轻消费者当作主要群体（“图像”），而把中老年消费者当作是附属群体（“背景”）。

案例 3：生理健全/生理缺陷

第 3 个关于“图像—背景”原则应用在“知识障碍”中的例子与人的生理缺陷有关。社会总是假定“图像”是由那些生理上完全正常的人构成的，而“背景”则是由那些有生理障碍的人构成的。但外星人在观察这个问题时会有完全不同的看法。让我们试着把下列描述中的人群都拿到“图像—背景”原则中加以考虑：那些肥胖的或有哮喘（这在世界各国都是很流行的病症）的人、已经怀孕的女人、有某种慢性疼痛的运动员、摔伤了腿或胳膊的人、有腕骨综合症或网球肘的人、患有神经肌肉痛的病人、有背痛、关节炎、精神压力或抑郁症的人，还有那些在视力、听力或移动能力上存在问题的人。通过观察以上的人群，你会得出结论：如果用“生理上完全健康”来作为区分“背景”和“图像”的依据，那就根本无法选出组成“背景”的人，因为任何人都不可能在生理上一点毛病也没有。

在服装设计领域里有一个古老的说法：“当你为有生理毛病的人设计产品的时候，你是在为世界上所有的人设计。”没有人会喜欢衣扣放在背后的衬衫。当城市为了方便那些坐轮椅的残疾人而不得不降低了人行道两旁栅栏的高度时，坐轮椅其实并未从中得到多少好处。倒是其他的很多人从中受益：骑自行车的人、散步者、溜冰的人、拖着带轮子的行李箱的人、推着购物小车的购物者、快餐店的外送人员以及其他的一些受益者。

随着年龄的不断增长，那些在“婴儿潮”期间出生的人渐渐变老，他们的视力也在不断地下降。这使得方便老年人进行阅读的放大镜开始变得越来越常见。但大多数餐馆菜单上的字体却非常小，而且顾客还经常是在昏暗的灯光下看菜单。难道为了点些鸡块或其他菜肴，顾客就得把这些菜名都背下来？还有那些家用清洁用品的容器、药店的产品目录册以及信用卡和钞票——如果不在普通眼镜前再安一块放大镜的话，那些视力不佳的老年人根本就没办法认清这些东西上面的文字。从电视机的遥控器到汽车的仪表盘，整个世界似乎都是为年轻人的眼睛设计的——年轻，那是一个人生理机能的顶峰时期。

一个新的观点

任何一个外星人都能看到，完全健康的人在所有人口中只占了很小的一部分。如果转换一下“背景”和“图像”，将那些在生理上有瑕疵的人群作为主体部分，那所有的事物都将改变。首先，也许所有设在机场的卫生间都非常宽敞，它不仅能容纳我们这些普通的入厕者，还能容纳带行李的人，因为这类卫生间是专为坐轮椅的残疾人而设计的。为那些在生理上有瑕疵的大众人群设计一些更大的、更容易使用的、更方便的产品同样使得其他人的生活也得到了极大的改善——尽管用传统的观点来看，这些人并非有任何生理缺陷。

案例：OXO设计了各种易使用的日用品、餐具、清洁用品及园艺用品。OXO的标志性产品包括了“好用夹”（Good Grips）以及“软工作”（Softworks），这些产品都有更大、更软、更舒适的手柄。“好用夹”这项技术是由一个叫做萨姆·法伯（Sam Farber）的狂想家发明的。他知道，成千上万的美国人（也包括他自己的妻子）都忍受着关节炎的折磨，这些人在做一些平常工作时（比如，握住厨房用品）也会有麻烦。尽管“好用夹”就是专为那些患有关节炎的顾客而设计的，但它们是如此得舒适、方便，以至于大量没有患关节炎的美国人现在也喜欢使用它们。这再一次证明，转换“图像”和“背景”后，你将会看到，通过为那些存在生理缺陷的人提供服务能使你收获更大的利益——你能够为每一个人都提供更好的产品。

案例 4：稳定阶段/过渡期

最后一个关于“图像—背景”原则的实验与人的生命阶段有关。我们总是倾向于根据人所处的生命阶段来定义不同的人群：已婚的、青少年、学生、退休的或是其他的。但新的现实情况是：我们在各个生命阶段的间隔中所度过的时光更多。而且对大多数人来说，不同生命阶段的衔接部分是永远存在的。也许，将不同生命阶段之间的过渡期作为“图像”，而将稳定的时间部分作为“背景”会更加合理一些吧。

每年有至少 30 万的非法移民涌入美国，他们总是从一个地方转移到另一个地方，直到找到合适的工作为止。“迁移”成了新一代年轻人文化的代名词，现在的年轻人会更多地在国内或国际上不停地转移地点以找到更好的职业发展机会和更好的生活方式。在哥伦比亚和委内瑞拉，由于国内的暴力和贫困状况难以得到有效的解决，成千上万的中产阶级和上层阶级（包括最有天赋、有能力的职业工作人员以及企业家）都选择移居国外。在迈阿密，这类临时性错位的新人群被调侃为“空中飞人”。美国和其他国家一样，有很多来自外国的留学生以及拥有双重国籍的工作者。留学生在国外大学校园里待上一段时间后，将返回自己的祖国，那些拥有外国国籍的工作者也是如此。的确，全球那些拥有他国国籍的工作者都是因为某些原因被临时派到国外去的。例如，正如《华尔街日报》（*Wall Street Journal*）在 2000 年 11 月所报道的那样，印度每年将若干妇女派往国外去学习如何在异地生活，而那些妇女的丈夫也辞掉工作，一起参与到这项活动中来。日本的妇女则去长岛、纽约学习并获得指甲修饰师的文凭，而那样的文凭在日本国内相当吃香。

对于我们称之为**“中间环节”**的东西来说，对它贡献最大的当属那些存在于传统生命周期中的“变化”。现在的孩子进入生理上的青春期太早了，这使得他们处于幼年和青年之间的新阶段。人的寿命越长（尤其是当人们的追求从物质上的成功转向精神上、社会上的成功时)，就越有可能更多地陷入中年危机和更频繁地进行自我责备。现在，人的寿命比以前更长，这使得人们有更多的时间去尝试不同生活方式以及不同的职业发展。

现在，寡妇的寿命也比以往更长。《美国世界新闻报道》(*U.S. News & World Report*) 于 2000 年 11 月 11 日报道，在美国，每年有近 70 万的妇女成为寡妇，并且她们守寡的平均时间为 14 年。这就产生了一个重要的“中间环节”，因为很多人认为守寡位于未婚和已婚这两种生活方式之间，还有人认为守寡是位于结婚与死亡之间的一个中间时段。同寡妇相比，更多的鳏夫选择了再婚，但同时，选择自杀的鳏夫也多于寡妇，可能是因为这种处于“**中间环节**”的日子实在是太难熬了吧。

当前，很多在外工作的职业女性都选择回家当家庭主妇，因为她们的丈夫能够挣足够多的钱。但当她们发现这样的选择是一种倒退的生活方式并且令自己感到很不愉快时，迷茫和困惑就会产生。某些家庭主妇认为她们不过是在等待机会，直到有一天能再次返回职场中并承担经济上的责任。

企业以前很反对那些职场的“中间环节”，但现在也开始鼓励这样一种模式。越来越多的大学生在正式工作前都会去企业中做实习工作，而企业的老板也乐于提供这样的机会来吸引并留住那些有能力的“中间者”。在职场的另一端，越来越多的离职雇员认为他们自己是处于一种介于选择新工作和回到原工作单位之间的一种状态。“回旋标”是用来形容那些离职后又重新回到原公司的一类人。在 2000 年，那些离开了 .Com 公司的员工并没有被忘记。如果他们选择重回公司，那他们离职的这段时间仅仅会以不带薪的休假期来对待。另外有些公司对那些离职时间在 45 天以内的员工不设面试考核就直接录用，以此来促使那些离开的员工能够改变主意而重返原工作岗位。

随着年龄的增长，我们到过更多的地方，在社会上也得到了别人的认可。我们也会发现，花在生命阶段之间的那些“过渡期”上的时光与我们花在各个生命阶段上的时光同样重要。这些“过渡期”有时候令人备感压力。英国的保险及风险经理人协会指出，压力可能会成为 21 世纪人类面临的头号风险。尽管该协会把压力产生的原因更多地归咎于职场，但压力也同样来自于不舒适的居住环境以及生活中的磕磕碰碰。因此，这些“过渡期”使人们对那些能够消除压力的产品和服务产生了极大的需求。这类产品和服务覆盖的范围很广——从宗教和思维方面的服务到心理咨询，从日间的电视节目到职业培训，从自我评价的书籍到各类研讨会和磁带。

“过渡期”正成为公司招募员工以及安抚退休人员的一个新的、潜在的重要工具。“中间者”对于那些提供再就业服务（无论是“货车搬运工的培训”还是“外语速成”）的商家来说，是一个有利的市场。这些处于“过渡期”的人们可能是自愿这样，也可能是想延长自己休假的时间，或者是为了享受那些与业余爱好相关的产品和服务吧。

一个新的观点

很多市场研究都专注于人们如何识别市场：职业上的、婚姻上的或地理上的等等。我们将在重新定义“图像”和“背景”方面面临更多的挑战，同时，我们还必须要看到，大量的公众只能以当前并不存在的身份来定义自己。无论你是一个刚离开学校没几年、现在正努力开拓自己未来的年轻人，还是一个已经离开了自己为之奋斗了一生的工作岗位并（或）刚结束了一段婚姻、正思索下一步计划的老人，或是一个准备重新开启一种新生活方式的职业工作者，你花在“过渡期”的时间都值得那些商人、公共政策的制定者、金融机构以及那些老板们去好好计算一下。

孩子能成为外星人

20年前的一天，我的一个儿子刚好4岁，他走进屋来的时候电视上正好在转播一场刚开始的棒球赛。电视里正在奏国歌，他便问发生什么事了。当他被告知马上要开始一场棒球赛时，他惊呼到：“我知道是棒球赛！但为什么他们在放曲棍球的乐曲？”

在某个特定的日子里，你走进一家商店（比如Gap）去买一条牛仔裤。你会找到墙上的货物架，然后选择适合你身材大小的服装。超大号的服装往往是放在最底部的，而最小号的服装则堆放在最上面。小孩子可能立刻会对此抱怨，认为衣服应该反过来堆放，小号的放下面，而大号的放上面。那样的话，个子矮的小朋友就能比较容易地够到适合自己的衣服；而大号的衣服放上面，也使得个子高的大人们不用弯下腰来挑衣服。

从外星人眼里学到的课程

对任何商业来说，从一个全新的角度去看问题是最强有力的一门课程。现在，我们假设一个外星人登陆了地球，他想学习地球上的一些东西，想和地球人有一样的穿着打扮。这个外星人会发现，在地球上的很多发达国家里，大多数人（男人和女人都是如此）都会穿裤子。在学习了如何购买裤子的课程后，他了解到，他能通过以下的渠道去买裤子：购物目录、电视购物、在线购买、服装店以及跳蚤市场。所以，他任意问了 10 个人，问他们如何买裤子。大多数人的回答都是去服装店。当被问到为什么选择去服装店时，这些人都说在服装店买的话能够先进行试穿。由于在购买渠道方面没有任何的“脑力累赘”，外星人通过自己的研究基础，会在脑海里浮现出这样一幅画面：服装店（比其他购物渠道都优越的方式）一定是一间宽敞的试衣间，或者是很多宽敞的、精心布置的、有高科技服务的试衣间。

如果这个外星人走进一家典型的服装店，他会感觉到，现实的情景与自己所设想的大不一样。宽敞的试衣间变成了狭小的壁橱，且没有任何高科技的东西来服务顾客。尽管外星人能快速、清晰地看到服装店的这种优势（能够试穿），但在其他的服装销售方式变得流行起来之前，服装店的设计者们的思维却被这个他们已经熟知的世界困住。在日新月异的时代里，服装店不能体会到真正的竞争优势所在，这更刺激了那些设计在线购物的商家们去不断创新。现在，在线服装销售商已经能根据每个顾客的身材比例为其定制服装。

李维斯（Levi’s）引领了服装定制的潮流。李维斯意识到，牛仔裤对成千上万的美国人来说，是非常个性化的东西。穿得完全合身，对顾客来说非常重要。本质的问题是，大多数的人都不可能找到一条能完全适合自己身材比例的牛仔裤。于是，李维斯开始为顾客定制服装，其零售店也有这样的服务。“服装店也该是宽敞的试衣间”这种观念最终还是得以被物化了。从本质上来说，如果顾客去李维斯的零售店购物，李维斯会仔细测量该顾客的身材比例。完成测量后，顾客会选择自己所希望的样式、裁剪的方式以及服装的布料等，然后，牛仔裤会以顾客所指定的方式被制作出来。这种革新性的“店内定制”过程，早就该在若干年前就发展起来。通过采纳外星人的观点，我们会发现，同“试衣间环境”相比，“服装定制”更加优越。服装定制能增加顾客的满意度，并能帮助李维斯削减成本及降低库存。也许企业在刚开始实施服装定制的时候没有盈利，但那是不可避免的。随着成本的降低以及顾客需求的增加，最终，市场会证明服装定制的必要性。

现在，因特网产品的定制非常盛行。很多公司开始对各种不同的产品领域都提供个性化服务。一些在线交易商用“产品定制”的方式来进行流水线式的操作，并由此获得了巨大的成功。亚马逊网上书店（Amazon.com）可能是所有在线交易商中最引人注目的一个例子，它通过提供书籍简介及参考目录的方式，极大提高了客户服务质量。亚马逊网上书店能够跟踪所有顾客的购买过程并将其保存在电子记录里，在顾客提出新的购买需求后，它会将顾客以前的购买记录和新的订单结合起来为顾客提供购买建议。对于那些需要花大量时间去搜寻自己最需要的书籍的人来说，亚马逊网上书店的服务将给他们提供极大的便利。

另一个有效提供互联网目录服务和定制服务的在线交易商就是Reflect.com，它是宝洁（Procter & Gamble）旗下的一家公司。Reflect.com是一家网站，它用关于女性顾客方面的目录来为顾客提供定制的化妆品包以及其他一些个人护理产品。而目录是以调查问卷为基础的，该问卷要求顾客回答各种与生活方式相关的问题，包括头发、皮肤的种类等。通过将产品目标定位于当今女性的生活方式，宝洁公司能够有效利用本章前面所提过的**“中间环节”**。同时，将产品的订单和包装同时处理的方式既方便了顾客，也使公司运转更加高效且交易过程成本更加便宜。

每一种生意、每一项职业中都存在其自身版本的“试衣间”——即未得到充分利用的竞争优势。我们没有简单地去理解这种优势，因为我们总是用已有的方式去做事情，而没有意识到那正是导致很多事情失败的真正原因。这样的现象还会不断地出现，直到人们学会通过外星人或孩子的眼睛去看世界、鉴别自己的优势、改变自己对事物的反应并学会避开竞争对手的长处。

今天的年轻人的确面对着一个不同的世界。在这个信息高度发达的时代中，他们会在公共场所通过手机来与他人讨论个人问题；他们会在网上完成学校的课题或者通过团队合作共同来完成；恐怖主义的威胁是他们每日生活的一部分；他们甚至会在自己的卧室里用望远镜探索火星的秘密。从他们进行沟通及工作的模式可知，现实世界在他们的脑海里与他们的上一辈人的感受是完全不同的。另外，拥有不同文化背景、不同宗教及不同起源的人通常对现实世界有不同的体会。当然，外星人对现实世界必然会有与其他任何人都完全不同的认识。

更清楚地去看看另外的现实，将帮助你看透很多笼罩在原有事物上的面纱。那些面纱遮掩了政治事件的真相、会让你错误地评价别人的行为和信仰，并让你总以为自己在以前所熟知的事情也将决定将来的发展变化。擦亮眼睛去看看另外的现实，会帮助你解放固有的思维。

现在开始，拿起或订阅一本能激发你的、有思想性的杂志，试着解放你的思维去接受杂志上的观点。如果你正在乘游艇航行，那么，让游艇随着地球的自转飘一会儿吧；每个月一次，让你的工作团队清晰地陈述出一个由你的企业或公司做出的关于员工或顾客的假设，然后检验一下该假设与公司的规章制度是相符的呢，还是明显例外的；训练自己玩一个脑力游戏，当有人作出了一番关于市场的陈述后，试着转换一下“图像”和“背景”，并问问自己：“如果将这个假设倒过来看的话，那又将是怎样的一幅情景呢?”所以，如果你想到的市场是关于小孩子的，那他们的爷爷奶奶就应该是市场的目标。不久以前，人们终于在银行界发现了一个类似的情况：已婚夫妇向来被认为是最安全的抵押借款人，但实际上，他们是风险最高的借款人，因为离婚成了他们拖欠抵押的主要原因。转换你的观点，你将会极大地增强自己在未来获得成功的机会。

第2章　趋势/反趋势

艾萨克·牛顿（Isaac Newton）先生用他的物理学定律改变了整个科学界，其中一条物理定律是说，每一个动作都会产生一个与之同向的和反向的作用力。当然，牛顿不是以社会科学家或市场分析家的身份扬名于世，否则，如果他活到今天的话，他必然会成为一名身价不菲的咨询师。的确，在这个充满了人类活动的世界里，每一种趋势都会产生其对立面或者说反趋势。但反趋势的发生并不是由趋势所导致的，它是由自身原因。

例如，当今世界已经进入了21世纪，而在有记载的历史上，现代文明是最世俗（非宗教）的。因为很多关于“是什么”和“怎么样”的问题都已经有了答案，很多人觉得他们不再需要依靠对上帝的崇拜来帮自己解释各种自然现象或帮自己获得孩子、玉米或降雨等等。世界上大多数的宗教现在都已经从拥有各种不同上帝的多神论转变成只有一个上帝的一神论。的确，从多神论转变为一神论是宗教历史上最主要的倒退。正是由于过去数十年里“非宗教”的迅猛发展，使得世上很多东西反而形成了宗教和精神产物。人们总想填满自己由欲望导致的精神上的空虚，因为他们相信有超越物质世界的东西存在（即使“反趋势”里面包含着完全对立的力量）。现在，新年龄主义（New Ageism）和正统派基督教（Fundamentalism）相互对立、彼此抨击的情况愈演愈烈。同时，在正统伊斯兰教越来越强大的同时，正统基督教也变得相应强大以与之抗衡；反之亦然。

在另一个例子中，发展了几千年的现代主义趋势，也导致了它自身的“反趋势”——反现代主义的出现。反现代主义者不断地（并且拼命地）对他们所憎恨、惧怕的人和物表达着愤慨、甚至充满暴力的反抗情绪。建造在俄克拉何马州的联邦大厦、纽约的世贸中心、华盛顿的五角大楼以及巴厘岛多姿多彩的夜总会——所有这些东西都是反现代主义者所抗议的。

在第 3 个关于“趋势”和“反趋势”的例子中，**非中介化**在过去 50 年成为了市场交易的主要趋势。这意味着商家在提供货物和服务时能绕过很多传统的中间渠道，从而为顾客提供出更多的选择及信息资源。现在，一个普遍深入人心的观点是，非中介化的“反趋势”——**再中介化**正在以极其强大的力量发展着。这意味着会涌现出更多新的经纪人、代理商、软件程序、联姻组织、建议师、文献材料及客户报告等中介化的东西来帮助你在一个非中介化的环境中任意驰骋。

第 4 个例子是关于信息风暴的。它是一股非常强大的趋势，而其“反趋势”——消极信息（拥有太多阻碍你作出明智决定的信息）则是一个新兴的现象。消极信息让很多人的工作变得更加困难，因为这些信息中不仅包含很多与之前的信息相冲突的东西，而且，当你发现自己沉溺在一大堆难以确认的信息中时，你也会对自己产生更多的怀疑。

这世上有成千上百种非常明显的趋势与反趋势。本章将用 6 个案例来深入地阐述这个观点。我们涉及的主题包括：(1) **不承担责任或依靠自己**；(2) **对成功要保持歉意**；(3) **富足生活带来的新疾病**；(4) **技术：你的名字就是诗**；(5) **消费 VS 储蓄安全**；(6) **传统社区概念的衰落及新型消费社区的出现**。

案例 1：不承担责任或依靠自己

各种迹象表明，我们正在迈向一个越来越依靠自己的未来。在这个发达的世界里，离婚率在过去 50 年间不断上升，终生工作制很快变得更加罕见（即使是在日本），由公司或政府提供的养老金及健康保险也不断地被撤销、减少或废除。职场的所有选择都将由你自己来决定。你被扔进了一片充满不确定性的海洋中，而惟一的那条生命之船只能由你自己所造。是的，你将越来越依靠你自己，但很多人并不想承担这样的责任。

依靠自己这种趋势可能是以存在于少数民族中的某些特点为基础的，那些特点就是：**自治**或者自我谋生的能力。有些人通过自治而兴盛起来，但大多数对自己负责、对身边任何鸡毛蒜皮的事情都得负责的人常常过得非常辛苦。依靠自己的“反趋势”已经开始逐渐显现出来了，那就是通过把责任推给别人、不去作抉择或从市场上购买别人建议的方法来摆脱自己应承担的责任，而自己也会为此而得到更多的舒适和享受。

让我们来看一个关于个人理财方面的例子。由于我们不愿再听从于任何团体的指示、不想再以一成不变的方式来度过自己的余生、也不想再遵循老式银行那些谨慎、保守的原则或是为企业养老金计划作贡献，个人理财业务在20世纪80年代到90年代间得到了迅猛的发展。市场很快就为消费者提供了各种各样的选择——既有自动租赁、反向抵押，也有401（k）计划和各种垃圾债券。但作用力与反作用力总是同时存在的，因此，在个人理财盛行的同时，它的“反趋势”——理财责任萎缩的现象也很快地出现了。就像经常发生的那样，当两种趋势同时呈现在一个人身上的时候，那样的情形就好像是在要求一项永远没有结果的权利——如同想要拥有并吃掉别人的蛋糕一样。例如，在20世纪末的最后10年里，从1994—1997年是美国在财务自由、财务自治等方面最辉煌的一段时期。但就是在那4年里，通过个人破产的方式来摆脱自身债务危机的美国人数量上升了73%。很多债权人只能自己吞下恶果，因为他们没有预计到这种“反趋势”。

在日本，据政府的统计，有超过3 500人在1997年因财务问题而自杀，人数比1996年增加了18%；同时，越来越多的中年男子开始患上一种被日本心理学家称之为“调整—压抑综合症”（Restructuring-Depression Syndrome）的心理疾病。这些人都被困在自己的个人责任中却无法掌控这些责任，他们的“反趋势”就是彻底摆脱那些责任。《经济学家》（*The Economist*）杂志在1999年5月1日报道显示，在法国公共部门工作的人超过450万，这些人成为法国经济的巨大负担（税负占其GDP的46%），但法国不能自动降低在公共部门工作的员工数量，因为人们不情愿放弃那份稳定的工作。一般来说，在欧洲，由于反对依靠自己所带来的各种不确定性，欧洲国家都提供了大量的社会福利。但它们却没有能力摆脱社会福利状况给财政造成的巨大负担，这使得它们的经济举步维艰。正如很多欧洲国家所做的那样，它们把税率设得很高。但高税收的经济体无法促进个人企业的积极发展，因此，它们会发现，自己在国际上与别国的竞争会变得越发困难。因此，它们开始接受“反趋势”来抵制各种变化。这种“趋势/反趋势”一直处于一种螺旋式的运动状态中，因为在越来越多的国家和公司想要更具竞争力的同时，也会有越多的工人和市民要求得到永不被企业辞退的保护。而这种保护提供得越多，国家和公司的竞争力也就越弱，那反而会更加促使公司用裁员来增强竞争力。从全球范围来看，现在企业正处于一种两面受夹击的局面：它们被夹在员工既希望工作有足够的保障又想要有充分的自主性的自相矛盾的两种需求中间；它们也被夹在政府需要更多的钱来为社会福利买单和日益激烈的竞争使得削减成本变得刻不容缓之间。

个人健康是另一个越来越有自我依靠倾向的领域。看看那些营养膳食、健身计划等产品日益增长的销量以及各类保健药物的日益流行，你就会明白，越来越多的人希望能控制自己的健康状况。荒谬的是，人们在健康方面的自主性越多，心理治疗方面的情况也会随之增多，而且很多人还通过在线治疗的方式来寻求帮助，因为有太多复杂难解的困惑在折磨着他们。

医疗保健行业的公司既响应趋势，也响应反趋势，这两者都能让其从中获利。例如，制药公司会在市场上直接将产品向公众推广，以满足人们在个人健康方面的自主性愿望。制药公司还承诺，越来越多的症状（其中一些并非真正的疾病）能够被新合成的化学药品所治愈。但消费者在被迫作出选择的时候，他们对自己健康的那种无风险的期望往往会导致制药公司面临着责任危机及法律审判（消费者都希望自己的健康永无风险，但制药公司的产品并不能保证总是药到病除。一旦那种情况发生，消费者可能就会通过法律的手段来控诉制药公司）。最终的结果是，消费者在健康保险方面的花费增多了，而且，还导致了保险公司的大面积国有化。这正是趋势/反趋势的奇妙之处。

总的来说，在当今主要的经济力量使得这个世界上越来越多的人在更加依靠自己的同时也对这种依靠自己的状况感到非常不适。于是，很多“行为与态度自相矛盾”的情况也随之出现。比如，一个非常有趣的现象是，越来越多的年轻人现在乐意为邻里和社区提供义务服务，但在 20 世纪 90 年代时，所有 18 岁～24 岁的美国人中仅有不到 1/3 的人会在选举总统时去行使他们自己的投票权。

趋势和反趋势是强大的市场推动力。你将在市场中看到，某些社会福利项目在以前看来似乎是无用的、规模甚小的、甚至有被撤除的危险，但现在，这些项目可能就蕴藏着利润丰厚的商机，尤其是那些应付和缓解存在于当今社会中的各种矛盾及困难的行业，比如培训、治疗、个人资源管理、关联组织、法律服务以及在这个信息世界里产生的各种新的媒介物等等。

在职场上，那种认为每个人都能在完全自主的环境中发挥出自己最大能力的观点是站不住脚的，除非在提倡自主性的同时也引入反趋势。尽管非常希望能获得自主性并赢得尊重，很多工作者还是会发现，传统管理机制所提供的那些利益往往能使他们从做更多自我决定和承担更多责任的持续压力中解脱出来。很多单独工作或在家上班的人都认为，他们失去了由公司提供的一些约束，更失去了与其他同事的交流和互动，这等于切断了他们同更广阔的外部世界相联系的通道。这就是为什么你会看到那些个人职业者或在家上班的人会在依靠自己的环境中用各种方式（与他人保持联系、给自己设置日常规定以及采取时间管理策略等）来重新启动公司制的管理模式。

如果能引入更多的责任担保和风险缓解措施等反趋势，那么，诸如家庭电脑和 401（k）计划等促进依靠自己趋势的产品和服务会在市场上获得更大的成功。但提供这些产品的公司也有可能吞下遭到法律诉讼和公共关系恶化的恶果（尤其是当人们在依靠自己的趋势里意图将其日益增长的责任转嫁给他人的时候）。所有公司都必须提前考虑好这些后果，以免成为替罪的“羔羊”。

案例 2：对成功要保持歉意

当今媒体和社会将成功者置于令人尊敬的地位。随后，促使人们去寻找成功者污点的反作用力也随之而来。成功是被人尊敬的，但那种尊敬很快又在人们的猜疑中褪色。人们怀疑，这些鹤立鸡群的成功者是否带着反社会的色彩？成功总是会导致嫉妒的产生，这种反作用力在当今世界里有时会以更加暴力的形式出现。

在“9·11”恐怖袭击事件爆发后，美国国内外的很多人都将该事件的责任归咎于美国本身。包括与美国交好的友国在内的很多国家甚至还为这次袭击事件的发生而庆祝。例如，在意大利，有人认为正是美国在世界经济、权力及文化上的过分统治而导致其被袭击；在美国的很多大学校园里，人们讨论的焦点是如何从内部而不是从外部去寻找原因，并且也认为这次袭击事件是因美国在国际贸易和全球化中的统治所引起。很多人相信，是美国自己的原因招来了这次袭击，那就不应该用武力方式去反击，因为那会牺牲更多无辜的生命。在美国北卡罗莱纳大学（University of North Carolina），师生们召开了一次辩论会来为处于美国帝国主义统治下的数百万受害者辩解。乔治敦大学（Georgetown University）也赞助了一个名为“断然的——美国的政策及其以前的行为招来了最近这场袭击”的辩论会。

实际上，上述这些反应只是反趋势在最近表现出的一个症状而已，类似的反趋势其实早就已经出现一段时间了。正如很多观察家所注意到的那样，在20世纪的最后10年中，美国“胜者为王”的观念深入人心。从华尔街到棒球场，不管用何种手段，胜利就是一切。从硅谷那拥挤的走廊到佛罗里达那些华而不实的大厦，在游戏中赢得了金钱的人在骄傲地炫耀着他们的奢侈品。针对这种现象的反趋势也随之而来。现在，我们生活在这样一个时代里：胜利不再是一切，赢者也必须去输，或者为他的胜利而向别人致歉。

学校中的体育课现在已经逐渐取消了那些竞争性太强的项目，以确保每个孩子都不至于因输掉比赛而丧失自尊。《标准周刊》（*Weekly Standard*）在2001年4月报道了《体育、娱乐和舞蹈期刊》（*Journal of Physical Education, Recreation and Dance*）举办的一个座谈会，会上，马特·拉巴西（Matt Labash）认为，“现在的教育正在让孩子们把自我要求的标准一降再降，而孩子们也正是靠这种方法来跳过成长过程中的障碍”。这种观点公然违背了一个最古老准则——人在同他人竞争时会更加努力（我们应该注意到，从这种反趋势开始之日起，超重儿童的数量已经比 30 年前的 2 倍还多了)。

经商总是会面临很多棘手的问题。每位奋斗者在生意场上的竞争往往会刺激创新和成就的出现。对竞争持消极观念的年轻人会在将来有足够的动力去奋斗?他们会想变得更好,还是只要不变的太坏就可以满足?

树立品牌已经成为一种具有上百年实践经验的商业上的趋势。现在,产品和公司的成功品牌在那些恶意批评者的眼中越来越被视为是恃强凌弱的恶霸,好像那些品牌的成功是因为剥削利用了其他的弱小竞争者似的。当今很多公司的高级管理者对其自身的公众形象非常敏感(可能是受他们年轻时的经历所影响),他们害怕被贴上"恶霸"的标签。所以,企业在商业上越是成功,这些高级管理者们就越是会寻求在精神层面(包括伦理、思想以及源于宗教或非宗教的心理学的观点等)上掩饰自己。通过这样的方式,他们能够坦然地处理解雇员工、达成交易及赚取利润等各种事情,并在商业和人性两方面获得双丰收。

所有的这些都导致了一种"精神分裂法"在管理、组织以及市场上的应用。股票市场已经延伸到了世界上各个角落,但现在,它正日益被一些毫无耐心的"惩罚性"资本所控制——这些资本专门惩罚那些没有达到持续增长、盈利目标(不管怎样,那都是必需的,即使是在长期考虑的基础上)的公司。然而,对成功要保持歉意的思想却往往会奖赏那些商界的失败者以及那些只有普通特点的平凡之人。

若企业在法律事务的日常操作中没有表现出足够的歉意,那当今企业在全球范围内所承担的法律责任日益增多的现象则代表了企业向公众表达歉意的部分愿望,这使得更多企业能公开承认自己的错误。除法律事务外,企业在其他工作(市场、广告及销售等)中同样包含了对公众的歉意,这使得企业总是行走在"夸耀其成功"和"得到公众认同"之间的平衡线上。

公司的人力资源管理正通过两种形式得到发展:(1)设计出一种系统来淘汰那些不能胜任其职责的员工;(2)帮助所有员工达到自身的最佳状态。前一种方式对生意有好处,但后一种方式能使企业避免不少法律诉讼。

也许,在一个被以所有人都能分享胜利果实为信念的趋势所充斥的世界里，反而没有人能真正胜出。在反趋势越来越强且风险都被消除了的情况下（因为那些风险被认为是不值得或毫无意义的），科学家、运动员、校长及学者会选择通过对不健全体制的抱怨来寻求庇护，而不愿意去面对获胜必须承担的风险（并享受成功的喜悦）。考虑到人性的需要，上述情况不大可能会发生，而我们也将在趋势（认为胜利者至高无上）和反趋势（要求胜利者变得谦虚甚至带有歉意）中找到平衡。

案例 3：富足生活带来的新疾病

对于人类健康来说，20 世纪是一个巨大的进步。然而，在启动 21 世纪新旅程的同时，我们开始被一些新的疾病以及一些被认为已经得到控制的疾病（比如，肺结核）所折磨。20 世纪晚期的技术发展的确创造出了很多新的治疗方法，但它们的存在也对这个世界产生了新的威胁。在《后现代主义时期的疾病和文化》（*Illness and Culture in the Postmodern Age*）一书中，作者戴维·莫里斯（David Morris）将趋势（遗传基因测试及手术）与流行病（酒精中毒、过度肥胖、慢性疼痛及心脏病等）进行了对比。即使是只有 15 岁的孩子也被查出有心脏问题。疾病控制中心（Centers of Disease Control，CDC）在 1999 年宣称，13%的美国儿童和青少年受到体重超标问题的困扰。

生活上的富足以及技术的发展已经强烈刺激了享有更好的身体健康及医疗保健的趋势。从全球范围来看，现在的大多数人都寿命更长、活得更健康、生育能力也更强。但反趋势也是不可避免的，包括科学家在内的很多人都声称，高科技的电视以及计算机所发射出的电磁波以及手机的微波发射会通过引发生化压力的方式影响人体组织（尽管在这方面还没有决定性的证据）。即使是将人体暴露在夜晚的灯光下，其情形也好比是人体服用了某种药物，那药物能干扰你身体分泌“褪黑色素”（能触发人体各种生化行为的荷尔蒙）的过程，并扰乱你自身的生物钟。最近的研究已经找到证据证明，那些长时间暴露于夜晚灯光下的人（比如在夜晚工作的工人和每天 24 小时中至少在电脑前待 7 小时的人）更容易被致癌。一个有趣的现象是，正如《科学新闻》（*Science News*）

所报道的那样，同拥有正常视力的人相比，盲人得癌症的比率更低，这也能当作是上述研究的一个证据吧。

抑郁症的确诊率在过去50年里翻了一倍。据美国《世界新闻报道》于1999年3月8日的报道，专家预测，到2020年，抑郁症将在世界上所有残疾病例的排名中上升至第2位。抑郁症患者的年龄越来越低，而患病的频率却越来越高。没人知道抑郁症到底是什么，而仅有3/10的患病者会去寻求治疗。《在利他林上奔跑》(*Running on Ritalin*)一书的作者劳伦斯·H·米勒(Lawrence H. Miller)估计，有500万～950万的美国人被诊断出患有“注意力缺陷障碍”(attention deficit disorder，ADD)，也就是过去被称为“过度活跃”的症状。中产阶级或上层阶级家庭中的白人孩子很多都服用利他林(中枢兴奋药)，而那种药物以“处方签”的形式被开出的数量多得难以置信。在很小的时候，孩子们的大脑就开始接受一些带有刺激性的信息；而之后在学校里，他们通过口头交流的方式，仍然在慢慢地学习并接受那些带有刺激性的东西。没有人严肃地重视这么一种可能性：上述一系列的症状是针对当前数量日益增多的刺激性信息所产生的一种可预测的反趋势。

是的，富足能导致更良好的健康状况，但也同样会提高人的期望值。现在，一些人已经从以前那种“希望同邻居平起平坐”的态度转变成“要同比尔·盖茨平起平坐”的观点。即使是一个负责任的人，在这种新兴的“奢侈热”的笼罩下，也会使自己和他人的情况变得糟糕起来。人们的花费越来越多，因为有影响力的富人在前面引导着潮流。当个人存款利率垂直下落的时候，消费者的压力也就随着其债务的增多而增大。在《地球的声音》(*The Voice of the Earth*)一书中，作者西奥多·罗斯扎克(Theodore Roszak)指出，铺张浪费是人类的一种基本需求。在这个媒体的触角无所不在的年代里，无论你的生活方式是富有的、显赫的还是声名狼藉的，存在于生活方式中的任何令人窒息的(或者欠考虑的)细节都被持续的曝光于公共大众的面前。

富足的社会和文化对我们健康的影响比以前任何时候都要更加普遍。繁荣以及繁荣带给我们的利益，同样导致了一些新行为的产生，而那些新行为将直接影响我们对待疾病的方式。慢性疾病(比如，哮喘病)的发病率越来越高，影响的人群也越来越广。这很可能是针对当今日益干净的环境所产生的一种反趋势吧。正是由于环境状况太好了，婴儿的免疫系统因此缺乏必要的锻炼。艾滋病（AIDS）是针对欠发达地区的快速发展以及无拘无束的自由旅行所出现的一种反趋势，它现在正蹂躏着整个世界。糖尿病成为当前的一种流行病，它是针对当今人类在奢侈的生活中摄入了过多脂肪和糖的现象而产生的反趋势。在发达国家的过去 10 年间，压力被认为是健康问题产生的最主要来源，这同样代表了一种针对富足生活而出现的反趋势。

企业在商场上同样要面对这样的结果。例如，残疾的定义将继续被拓宽，在特定的情况下，注意力缺陷障碍已经被认定为是一种残疾。如果所有这些有心理疾病的人群都被划分到残疾人的类别中，那么，公司的老板们会发现心理以及生理上残疾的员工将占到公司人数的绝大部分。所有这些都将严重影响企业的生产能力以及花费在员工医疗保健上的成本。很多疾病现在不会轻易地被主流药物所打败，而当人们去寻求一些新的解决方案来对付那些疾病时，传统的治疗方法和新型方法之间的差异也会随之改变。

铺张浪费的现象将会继续持续，并极大地扩大奢侈商品及奢侈服务的市场。当然，这将给那些懂得如何利用此现象的商家带来好处，但同样也可能会有不利的一面。一些对铺张浪费心怀愧疚之意的消费者可能会责怪那些把他们引向奢侈生活的公司，正如很多人都倾向于责怪那些吹得天花乱坠的广告迫使其购买了并不需要的东西。物质主义必导致反物质主义，这一点在从精神活动到恐怖主义的每件事中都得到了验证。

现在，一个很清晰的观点就是，在“富足生活及先进技术”与“新出现的疾病”之间，存在着“趋势”与“反趋势”的关系。将来，生物化学研究方面的进一步发展将毫无疑问地治愈某些疾病。例如，在将来的某一天，从生物化学的角度来看，拥有每天工作 7 小时生活方式的人将不会有任何健康问题；如果你必须在凌晨 3 点开始工作，那么，一块小药片也许就能帮助你重新调整自己的荷尔蒙。当然，其他的一些疾病将会出现。与此同时，你将面临一个过渡期，在此期间，技术进步和社会繁荣的优势可能会有害于你的健康。

案例 4：技术：你的名字就是诗

关于趋势同反趋势的一个有趣但重要的例子就是新出现的技术和诗的并列现象。在这个工业时代，大多数的大公司或大品牌都是以其投资者或创始人的名字来命名，或仅仅是为其产品和服务本身命名。那些工业巨头们的命名有：美国广播公司（Radio Corporation of America）、通用电气（General Electric）、美国电话电报公司（America Telephone and Telegraph）、明尼苏达矿业制造公司（Minnesota Manufacturing Mining）、国际商用机器公司（International Business Machines）以及美国通用磨坊公司（General Mills）。在后工业时代，科技允许企业变得更加抽象和多样化，很多公司的名字都以其每个单词开头的那个字母来命名（比如，RCA、GE、AT&T、3M、IBM）。这时，开始看到很多没有确切含义的词语，其中一些词语仅仅是在电脑上拼凑出来的，比如“Exxon”这个名字。而像英特尔（Intel）和微软（Microsoft）这样的名字中则包含了体现在其产品和服务中的创意。

随着我们跨入另一个时代，在公司和产品的命名上发生了一些令人惊喜的变化。作为当今这个高科技时代的某种反趋势，公司和产品的名称变得更富有**诗意**。但这样的转变也许并不奇怪，因为在我们所处的这个时代中，人们开始摆脱“心理治疗法”的约束而转向毫无拘束地进行精神、心灵上的探索。在讨论“现在的人是否会愿意以每小时 60 美元的代价去接受哲学教育”这个问题时，海伦·柯万·泰勒（Helen Kirwan Taylor）在《金融时代》杂志的增刊中指出，**科学**让你明白了世界上的很多复杂事物的，**诗**则会站出来提醒你“我们都会死去，我们的生命都是有限的”。

苹果电脑（Apple Computer）在新世纪刚开始的这几年里，用一系列名人［毕加索（Picasso）、爱因斯坦（Einstein）、查韦兹（Chavez）、甘地（Gandhi）、玛莎·格雷厄姆（Martha Graham）等］的图像来鼓励人们的“差异性思维”。所以，下面这些高科技企业的名字也许可以被认为是高科技的反趋势：

- **Project Oxygen**：新一代的光纤技术，它利用波长的多路分割，能够使通信在更广阔的信号空间内进行；

- **Blue Mountain**：由洛斯·阿拉莫斯国家实验室（Los Alamos）生产的一台超级计算机（由若干台 Cray 公司的计算机并行连接而成），它能够在 1 秒之内完成 3 万亿次计算；
- **Blue Pacific**：应用于劳伦斯·利弗莫尔国家实验室（Lawrence Livermore）的一台 IBM 电脑，它能够每秒钟完成 3.9 万亿次计算；
- **Intersquid. com**：这是一家电脑公司，它免费送电脑给顾客使用，但是每月收取顾客因特网连接和上网服务的费用；
- **3-D Crunch**：一项由 Silicon Graphic 公司发起的分析蛋白质序列的项目；
- **The Dark Aurora**：被认为是一台极机密的侦察机，由洛克希德公司（Lockheed）生产；
- **Amazon，iVillage，Netscape，Excite，Yahoo**：在纳斯达克（NASDAQ）上市的主要几家因特网公司。

一个越来越明显的现象是，属于第 X 代的人以及第 Y 代的人（1978 年以后出生的一代人）在寻求生命意义的过程中，越来越多地被那些含有图像意义的术语所吸引。他们也更乐于见到趋势与反趋势的联姻（技术与精神，诗与复杂性）。老一代的人可能会认为趋势与反趋势是自相矛盾的，并且还会倾向于用更多带有批评语气的言词去贬低年青一代所做的事。但是对新生代的年轻人来说，技术层面与精神层面的结合可能会在他们适应未来的过程中发挥重要的作用。我们都需要对被约翰·奈斯比特（John Naisbitt）称之为“高科技，高接触”的那样一种融合有清楚的认识。技术越多，它的反趋势——人性化也就越重要。

案例 5：消费 VS 储蓄安全

每次，当人类希望控制或减少风险的时候，最终的结果却是在稳定地增加风险。例如，自行车头盔、护膝、护肘以及诸如此类的东西使你在骑车时骑得更快或者在溜冰时更加无所顾忌。这样的情形就像是一支牙膏：当你在牙膏的一端挤它的时候，这种不易控制的东西反而会从另一端漏出来。

金融作家彼得·伯恩斯坦（Peter Bernstein）在1996年为《哈佛商业评论》（*Harvard Business Review*）写的一篇文章中指出，数量学技术在控制风险方面的发展，使得人们敢于比以前承担更多的风险。我们都是根据一种风险平衡效应在操作：一种改变出现了，它似乎能使系统或组织更加安全，但实际上却没有达到这样的效果。因为人类为了减少某一个领域的风险往往会以在另一个领域中承受更大风险为代价。

例如，防爆死制动系统的出现，使司机在驾车时开得更快、更加不计后果。当每小时55英里的限速拯救了很多人生命的时候，我们却把限速的标准提高了；安全带能使驾驶者更加安全，但它也同时在鼓励司机开车时更加毫无顾忌，结果是导致了更多（尽管通常情况下，事故的严重程度有所下降）交通事故的发生；乘坐飞机的旅客喜欢更便宜、更方便快捷的飞行，因此，航空公司安排了更多、更密集的航班，但随着航线的更加繁忙，安全隐患也随之增大；大的旧车连锁市场的出现，降低了消费者购买旧车的风险，结果，更多的人宁愿承担风险去购买旧车也不愿买新车；在市场上，甚至还有人设计出了运动专用的轮椅。

资产保险的出现使个人财产的曝光水平化以往任何时候都要高。即使是在荷兰这样养老金风险很低的国家，也一直存在着大量向国外移居的人群——即使国外的养老金风险更高。银行现在也承担着更多的风险，因为很多传统业务都流向了共同基金或那些多功能金融机构。各个小银行会通过合并的方式形成大的银行巨头，尽管更大的银行意味着更高的安全性，但同时，更大的倒闭风险也随之而来。

由于预防性的医疗保健产品以及维生素的出现，那些在“婴儿潮”时期出生的人能够承担更多与生活方式有关的风险，比如登山、乘筏漂流以及高山滑雪等。尽管在“婴儿潮”时期出生的父母非常重视身体健康，但现在年轻人的健康状况却不容乐观，因为他们缺乏体育锻炼，同时还有抽烟、酗酒的毛病。

注射到动物或庄稼体内的基因（为了降低浪费、损失或疾病的风险）将增加环境污染的风险，就像化学物质所做的那样。所以，现在，对于已经帮助人类降低了风险的那些严厉的管理方针，既有人希望能将其进一步强化，也有人希望能减轻那些方针的严厉程度。随着食品技术的发展以及全球粮食产量的提高，全球很多关键地区的人们可自由支配的收入也上升了。现在，这些人升级了他们的饮食习惯（买更多的肉类食品），从而导致全球对谷物的需求变得更多，这对未来的粮食生产构成了更大的威胁。

冷战的结束实际上增加了全球的风险，因为它进一步增加了难民的数量（这是无休止的国内战争及局部战争的结果）并且还放任了核物质以及与之相关的危险知识在自由市场上泛滥。

股票价格过低的风险会使得公司缩小规模并尽力弥补损失，但是对于其生产能力而言，这样的风险回避措施只会产生短暂的效果，是不可持续的。在这个过程中，规模缩小的公司更有可能会患上“企业老年综合症”——更好的流程、更平滑的系统以及更好的办公环境只会将公司以往的回忆抹去，却不能保证其长期的竞争力。而另一个与当前的主流观点相悖的例子就是，公司的总裁及其他高管持有公司大量的股份（这样的话，他们可能在公司的经营中更乐于冒险，以求获得更大的回报）实际上是减少了他们在公司的运营中冒险的概率。由孟菲斯州立大学（Memphis State University）的彼得·赖特（Peter Wright）在1996年领导的一项调查发现，公司内部员工持股比例在7.5%以下的企业，其员工冒险的概率是呈上升趋势的；相反，若内部员工持股比例超过7.5%，则相应的冒险概率呈现下降的趋势。

显然，减少风险会继续成为一个重要的、永无终点的商业趋势，因为人的本性使得我们总是在学习控制风险的过程中又不断创造出更多不同的风险。

案例6：传统社区概念的衰落及新型消费社区的出现

一些观察家相信，在过去的200年间，在世界上很多地区的人开始明白“社区”这个词的含义的同时，人们对社区的感觉也正在逐渐减弱。普遍地说，人口的错位分布（被迫的或自愿的）、地区化及全球化等现象已经无情地发生在我们眼前，并以其深刻的方式影响着国家和人民。

语言是社区概念的一个核心内容：从全球范围来看，本国语言正在消失。这是非常重要的，因为［根据美国麻省理工学院（MIT）的肯尼思·黑尔（Kenneth Hale）的研究］人与人之间的血缘关系或其他关系之中蕴含着特殊的文化，而语言则能够揭示这种特殊文化的重要性。语言同样能揭示那些细微的、但却有潜在重要意义的文化差异，但所有这些正在快速地消失。

美国已经有了很多理想的、被同化了的移民社区。所以，很多移民组织（例如，来自欧洲的盎格鲁撒克逊人）的生活方式已经经历了重大的改变，他们用3代人的时间就能完全融入美国主流的生活方式之中。一些知识分子困惑于那些带有连字符号的社区概念（比如带有非洲血统的美国人），并在其美国公民身份和其原有血统的对立中不断产生自我怀疑。

美国单身人群所占总人口的百分比不断上升的事实同样表明，以婚姻和家庭生活为基础的那种传统的社区观念正在发生变化。根据人口普查的统计，20世纪90年代，年龄在25岁～29岁之间的未婚女性在所有未婚女性中所占的比例为33%，这一比例是1970年的3倍；而同时，同样年龄段的未婚男性的比例达到了48%。

心理学家罗伯特·杰伊·利夫顿（Robert Jay Lifton）提出了一种称之为**变化多端的自我**（自身不停地改变以适应周围变化的环境）的观点，这种观点表明，随着传统的以社区生活为中心的社会及制度安排的主体的发展，人们学会了改变自我意识来应对时代的变迁。年轻人对说唱乐（hip-hop）的崇拜现象最能有力地证明这种观点。白人小孩在说唱乐中模仿黑人的穿着和谈吐，因为他们也想获得那种黑人青年所表现出的（关于肤色和种族的）自豪感。

所以，社区的传统观念被挑战的现象使很多人的生活处于一片迷茫的真空区域。随着曾经熟知的社区概念在我们的意识中慢慢地被颠覆，又将会有什么样的东西来弥补我们对社区联系的渴望呢？它的反趋势是什么？整个20世纪90年代，作家们都在谈论“新部落”。保守派的那种家庭观念似乎又要被拉回到我们的生活之中。“9·11”恐怖袭击事件以后，很多博学者（以及普通人）都预言，对朋友及所爱之人的责任感将重新回归社会。尽管当今社会非常重视家庭以及朋友，但在接下来的若干年内，仍然会有不少家庭在居住地点的选择上面临错位、重新定位以及重新布局等问题。

传统意义上的社区正在发生着巨大的变化，尽管如此，在这些变化之中，仍然出现了一个非常显著的反趋势——社区的商业化。市场拒绝出现“真空”，而社区的消失就是一种“真空”。为了更好地营造并利用这种反趋势，企业家、设计者、职业工作者以及商人们都把社区当作是一种新兴的、重要的耐用消费品。在流行文化产品供应商的眼中，那些“追星族”就等同于大把大把的美元。克里斯廷黄页（Christine Yellow Pages）正在把消费者吸引到一个（除了本地的姓名地址录之外的）新的商业社区，而成为克里斯廷社区的一部分，是市场上某些商家所采取的一条极具竞争力的策略。

实际上，很多传统的社区都以宗教为核心，而宗教在很多地方正在演变为商业。北美地区宗教书籍的销量不仅在最近 10 年间上升了 87%，还占到全美洲所有出版物销量的 1/10。重要的是，很多经常去教堂做礼拜的教徒都把自己视为消费者——他们从宗教集会地购买各种宗教服务。很多非常成功的大教堂把大型购物中心的文化元素纳入到了日常的经营中，在教堂里加入了咖啡厅、音乐会、保龄球场以及有氧操健身室等。那些宗教的领导人就好像企业家一样，用各种娴熟的市场技巧来吸引并留住“消费者”。

像社区设计分析机构（Institute for Community Design Analysis）这样的新企业正不断涌现出来，以帮助那些乡镇或城市重新融入到社区的布局中去。可防御的空间描述了这样一种概念：用城墙、带照明的栅栏及灌木丛等设施来降低犯罪率、改善交通状况，以此营造出一个安全的社区。一些像迪斯尼盛典这样的新型小镇，就是模仿复古风格的社区而建造的。发展传统的邻里关系也成了时下社区设计中最火热的新观点。佛罗里达（带有“尖桩篱栅”）的海滨以及位于盖士堡（Gaithersburg）的 Kentlands 社区，就是为了追求老式的出行及谈话风格而建造的。这类产品在市场上非常吸引那些追求简单优点：美丽、社区化的人。

有些人对社区的需求以地理为基础，对这类人来说，计算机空间也存在于社区之中。因特网、信息高速公路等计算机空间，正在各个方面为人际关系、人的地位以及男女交往等创造机会。人们正在成为**因特网**

居民，而这些因特网居民中，既有“皮条客”也有企业家。AT&T 和其他的电信消费者、企业机构等都在寻求一种基于 telepresence 的新关系。Telepresence 将营造出一个新型的社区，让朋友及同事都能集体享受他们自己选择的服务。

企业老板正在通过使用“个人发展纲要”的形式来建造社区，而这种“纲要”每年会使美国企业老板最多会花掉 600 亿美元。例如，沃尔沃（Volvo）公司通过与员工对话的方式使他们的工作进行得如同“完全的社区化程序”一般。非营利性组织也开始利用其社区服务的“杠杆效应”来赚钱（比如，美国红十字协会有瓶装的饮用水，世界野生自然基金会有户外运动衫，外战退伍军人组织有 Tetley 咖啡），它们许可其他商家打着自己（非营利性组织）的旗号在市场上销售产品，并向这些商家收取一定的费用。很多微型社区越来越多地进行商业化运作，从而使自己能在那些大型社区面前树立自己的地位。

随着老式社区的衰落，新型社区将不断涌现出来，而那也意味着更多的市场机会和投资机会。而这些新型社区将永远为那些期望开启新事业的个人及投资者们敞开大门。

所以，牛顿是一位未来主义者

牛顿的第三定律（任何动作都会产生一个相同和相反的作用力）是对未来的一个基本的预言。趋势及其反趋势为我们铺平了通向未来的道路，它们总是将你置于自相矛盾之中，如果你想看到未来的变化，就必须接受这种自相矛盾的处境；它们也不是一条直线，而是由很多平行的分支所构成，就好像是摆在岔路口之前的多种机会。约吉·贝拉（Yogi Berra）有一个建议：“当你处在岔路口前的时候，勇敢地选择吧。”商人、机构领导者以及个人也许都会对此建议感到惬意。

对于商业来说，这是非常关键的一点。伍迪·阿伦（Woody Allen）曾说，雌雄同体的出现是自汽车发明以来世界上最伟大的现象，因为它能使你周六晚上的约会时有双重的选择。趋势与反趋势也是如此。例如，如果你想做一个天使小雕像、蜡烛、日志册或思考指南等东西，你既可以用宗教的、精神上的方法，也可以用非宗教的方法来完成。

有一件非常重要的事情需要你记住，那就是，趋势和反趋势都能给你带来获利的机会。站在岔路口前，一个好的商人不会单单去问哪条路是正确的，他往往还会问，如何使我们的资产和竞争力在其中一条路上（或两条路上）能成为我们真正的优势。美国顶级服装品牌 Victoria's Secret 的管理者需要面对新的服装趋势：男女皆宜的服装现在正越来越流行。而西南航空公司（Southwest Airlines）的创始人需要面对的趋势是：本地航线正日益遭到冷落，而枢纽化的航线则备受青睐。那些英俊男孩（或性感美女）的乐队组合曾有着无数的支持者，而现在，他们也必须面对金属乐及朋客摇滚等新音乐元素的冲击。反趋势同样能用来挣钱，创造并利用反趋势会让你获利，而忽略它们则会让你远离很多竞争机会。

每一个趋势都会产生对应的反趋势，如果你没有意识到这一点，那么你将对未来发生的事情和变化感到困惑与惊讶。理解反趋势的存在能解开你思维上的谜团，并能使未来的变化朝着正确的方向发展。

第 3 章 用螺旋代替钟摆

的确，正如每个人说的那样，历史总是在周期性地发展。在历史发展的过程中，既有短周期，也有长周期；既有战争与和平的交替循环，也有商业周期的反复；既有兴盛与衰败的循环，也有冷热交替的季节性周期——关于这方面的列举是永无止境的。一些人可能还记得曾经在很短的一段时间内非常流行的**“康德拉捷夫波浪理论”**（Kondratieff Wave Theory）。该理论说，资本主义经济总是要经历扩张、通胀、萧条的长周期，大约每隔 54 年就会重复一次。古玛雅人和古犹太人都相信，每隔 50 年～54 年，就会经历一次从灾难到复兴的周期。

我们通常用“钟摆”来形容这种循环交替的运动。我们脑海里关于周期的印象是，不论我们关注的物体是什么，它总是朝一个方向移动了很长的距离，再倒转回来，越过中心并回到它开始的起点，然后，它会不断重复往返这样的过程。你对于什么是“正常的天气”有着自己的见解：当你见到有关“天气”的“钟摆”朝着寒冷和潮湿的方向移动得太远的时候，你会期望这“钟摆”能摆回来，朝着炎热和干燥的方向移动。因为，我们总认为大部分的运动都是围绕着“钟摆”的中心来回运动。

当整个社会的情感朝某个极端的方向靠得太近的时候，你会希望来一个修正，使这种情感的“钟摆”能回到中心并移向另一个极端，然后，再重复这种循环。当股票价格飞速上涨，然后又剧烈下跌，并不断重复涨跌交替的情形时，你总是期望同样的情形会再次发生，你会认为股票价格总是在围绕某个中心做这种“钟摆”式的波动，而“钟摆”的中心代表就是股票真正的价值。当政治立场向偏左的方向移动时，你会期望它能在某个时候再移向右方，并以此循环反复。

你将被这种“钟摆”的画面所迷惑，因为你已经习惯了将“周期”看作总是沿着固定弧线来回摆动的“钟摆”。尽管如此，如果你能通过外星人的眼睛来看事物，你将清晰地发现，事物不可能沿着来时的轨迹准确无误地回到原来的地方，因为事物的背景已经发生了变化。地点不同了，人也不同了，没有任何东西和之间的情形是完全一模一样的。

海森堡测不准原理（Heisenberg uncertainty principle）是这样说的：即使是在实验室里，你也不可能准准无误地预测出试验的结果，你所能预测的只是可能性。该理论还认为，你所做的任何两次测量在手法上都会存在一些偏差，因而两次测量得出的结果也不会完全一样。所以，当你采用第二种测量方法的时候，你不可能完全真实地复制出原先的情况（在原先的情况下，你采用的是第一种测量方法）。物理学家已经证实：即使是观察这个实验行为本身，也会改变最终的结果。

抛开实验室不谈，在这个更加杂乱无章的抽象世界里，不管是社会、经济还是政治，你都无法准确无误地回到原来的地方。

但是人们已经习惯了这种“钟摆”式的类推，而沉迷于这种类推，将使人们产生某种精神上的惰性。所以，我们的眼前总是会浮现出“钟摆”的幻象——尽管那样的“钟摆”实际上并不存在。透过外星人的眼睛看到的事物将会为我们揭示出一个更好的模型——螺旋。周期是存在的，但事物不会沿着相同的轨迹重复运动，也不会返回相同的地点。实际上，事物会螺旋式地上升或下降，因为事物最初的起点已经不在原地了。

案例 1：社会构造

最近几年，很多市场商人已经注意到了一种新现象——他们称这种现象为重返浪漫。根据他们的观察，现在流行的文化是：更多的人对浪漫爱情持积极的态度、更多的人希望与相爱的人共同生活、更多的人对婚后的幸福生活坚信无疑。在 20 世纪的最后几年中，美国的结婚率逐步上升而离婚率则保持平稳。这是否意味着，我们将重新回到 20 世纪

30年代的浪漫爱情电影所描述的那种充满浪漫气息的理想生活呢？

即使我们希望回到20世纪30年代，我们也不可能那样。人们的性观念已经发生了改变，女性在社会及经济中的角色也已转变，男性与女性之间的自然关系当然也不再相同，还有战争、教育、信息以及人们愤世嫉俗的态度和对社会的怀疑——所有的东西都在发生变化。不管我们如何努力，我们也无法再复制出70多年前的那种完美的浪漫生活。所以，婚纱零售商会看到，现在的新人会再次热衷于那些精美的传统婚纱；压力管理顾问和婚礼仪式顾问则会发现，为继父（母）或前夫（或前妻）所生子女操办婚礼是一个巨大的市场，因为正是有了那么多离婚、再结婚的现象，才催生了更多的婚礼。有些妇女会选择在自己20岁以后结婚，她们在结婚时一般都已经有了一定的物质基础，而她们未来的新郎通常也是如此。所以，这样的夫妇会更多地去寻求精神上的体验而非物质上的。这为那些广告商们开辟了更多新的创收途径，同时，也开启了很多不同的市场（比如，温泉度假区或是博物馆的会员资格）。

任何事物都会受到变化的影响，所以，未婚同居的观念、“试验性”的婚姻、“试验性”的家庭甚至以宠物为代表的“试验性”的孩子都将创造出数十亿美元的巨大消费。浪漫爱情的“螺旋”会持续不断地影响男女之间的关系，因此，忽视这些崭新现象、眼里只看到“钟摆”的商人肯定将错失良机。

近年来，对宗教的崇拜现象又高涨起来。世界上很多地区的年轻人对宗教非常狂热，尤其是在美国。这是否意味着，我们的社会要再次被盲目的“宗教热”（这正是美国早些时候的特征）所控制？不！一个小小的现象就能向我们表明，当今的世界和过去是多么得不同。正如调查所显示的那样，美国今天的宗教信徒们比以前任何时候都更加能够容忍那些信仰其他宗教的人群。最近的盖洛普民意测验（Gallup poll）显示，超过75%的美国人相信，所有宗教都存在着某些真理。这种更加宽容的宗教信仰与那些清教徒的信仰是有不同之处的。

另外，宗教的再次兴盛是多方向的。一些全新的派别会突然涌现出来；把几种不同宗教的精华揉捏到一起，又会形成一种新的组合（比如，JuBu，就是把犹太教和佛教融合了在一起）。在整个拉丁美洲，基督教一直被频繁地用来和传统的伏都教（一种西非原始宗教）相结合。

这些可都不是（也永远不会是）你曾曾祖父那个时期的宗教了。

对“钟摆”的迷信已经使很多宗教在赚取金钱和招收信徒方面遭受了极大损失。由于没有意识到“螺旋”的发展规律，很多宗教都遭到了分裂。教徒们转而投向了其他那些更保守或更开放的派别、投向了某些精神形式的组织或是投向某些融合了精神元素的非正宗的教派（看看 Deepak Chopra 的成功就知道了）。而那些出版业、研讨会行业、土特产零售商（比如矿产和宝石的销售商）、甚至那些提供瑜伽术的温泉疗养地和健身房却获益匪浅，原因就在于他们认识到了宗教和精神产物的“螺旋”式的趋势发展。如果他们也只看到“钟摆”，那是不可能获得成功的。传统的那些拜神的殿堂就是如此，他们只能感受到“钟摆”式的变化规律，因此，不管他们多么努力地想提高收入，仍然遭受了巨大的经济损失。

同样的，近年来，很多人开始再次对家庭表示出了热切的关注。在某些人眼中，这似乎意味着我们将再次回到从前那种“奥齐与哈里特”（Ozzie & Harriet）式的生活（奥齐与哈里特是美国 20 世纪 50 年代电视里的模范夫妻）。实际上，情况并非如此。随着大部分已婚夫妇都外出工作挣钱、随着教育的巨大进步以及女性经济的独立、随着我们对家庭的重新定义，无婚姻的同居生活、同性恋夫妇以及所谓的“意向性”家庭等现象都纷纷涌现——所有关于家庭的观念都已经发生改变。

很多保守主义者对传统家庭概念日渐衰落的现象表示出强烈的谴责。他们认为，在众所周知的核心家庭（仅由父、母及子女组成的家庭）中，只有丈夫应该外出工作，妻子则应该待在家里照料孩子（平均每户人家有 2.3 个孩子）。这种所谓的传统家庭实际上是 20 世纪工业社会中的一种假象，它们本身并不是任何家庭的基准线，相反，它们也会发生“螺旋式”的变化。在那之前占主导地位的是农业社会的家庭模式，在那种模式下，好几代人都共同生活在一个家庭中，而且所有的人都会参与工作。事实上，同其他社会机构一样，家庭也在随着环境的变化而不断地发生适应性的变化。我们可能会再次改变对家庭的观念，但绝不会是沿着“钟摆”的轨迹发展。

越来越多的成功妇女都没有孩子。人口普查的数据显示，随着房价的高涨以及工作的难求，约有 400 万年龄在 25 岁～34 岁的美国人同父母生活在一起。在《收养制的国家》(*Adoption Nation*)一书中，作者亚当·珀特曼(Adam Pertman)写到，美国大约有 500 万～600 万的家庭都收养小孩，这其中包括很多单身家庭及同性恋家庭。越来越多的孩子由未婚妈妈所生——在欧洲，这样孩子的数量非常惊人。正如我们在本书第 1 章(“通过外星人的眼睛看世界”)里提到的那样，这类“非法出生”的孩子的比例在冰岛为了整个国家新生婴儿的 2/3，在挪威是 1/2，在英格兰、法国、爱尔兰和美国大约是 1/3。这样的现象是否意味着我们的生活又会重新回到以前的那种家庭生活(《幼儿教育》杂志最初就是为这样的家庭所设计的)中去？银行在签发账户和信用卡的时候应该考虑些什么问题呢？广告商又会如何描述自己的产品而从人们的家庭价值观中谋取利益呢？政治竞选者在参选时又该如何陈述自己的政治观点呢？房地产开发商、房屋修理公司、航空公司以及高级学术机构是否对这些新型的家庭(在产品和服务的设计、价格、提供便利、创新等方面)给予了足够的关注呢？

将自身定位为以“消费者家庭为核心”的企业(比如，保险公司)必须通过外星人的眼睛来看世界，否则，企业必将面临被时代潮流所抛弃的风险。如果企业将自己的任务视为为消费者家庭提供服务和维护，那么，就必须准确把握现代家庭的特点以及其将来可能的特点。我们正步入一个越来越民主化的世界，在这个世界中，我们会自主决定自己家庭的特点。“传统”家庭正在朝着“新型”家庭的方向做“螺旋式”的转变，而这样的转变主要体现在家庭价值观上。在转变的过程中，将有数十亿美元的巨大商机。

一个清楚的事实就是：在可以预见的未来，家庭将不再拘泥于某一种模式，而一定会呈现出各种各样不同的模式。如果现存的企业拒绝接受这个事实，消费者必将离它而去。家庭正在“螺旋式”地向上发展，而企业也必须拒绝沿着“钟摆”的轨迹走老路。

案例 2：企业的周期

在 1999 年，由于很多大型公司受到的监管不够充分，公众对此抱怨不已。因此，公共监督委员会(Public Oversight Board，那个时候，该委员会是美国审计员的自我监管团体）成立了一个审计有效性调查小组（Panel on Audit Effectiveness）。这个小组全部由来自商界、政府、学术界以及会计行业的杰出人士组成，由美国证券交易委员会（US Securities and Exchange Commission）主席阿瑟·莱维特（Arthur Levitt）负责。按规定，他们将对各大公司的审计工作进行客观的调查并发布详尽的报告。

该小组很快就解散了，这意味着"回归监管"的现象只是"钟摆"在朝着许可证和利益冲突的方向移动得太远之后会自动向回移动而已。在2000年5月发布的最后一份调查报告中，调查小组写道："**由于在审计水平及监管能力的提高等方面能获得很多有效的建议，因此，该项职业（审计）及其质量从根本上来看，是非常健康的。**"换句话说，监管不力或审计出错只是非常偶然的现象。我们只需要像以前那样做最基本的审计工作，就可以避免那些小问题（监管不力或审计出错）。

正如我们都知道的那样，在随后的2002年，美国就发生了安然公司（Enron）、世界通信公司（WorldCom）、泰克公司（Tyco）、A&P公司、默克公司（Merck）以及富士施乐（Xerox）等大型公司的审计丑闻。

调查小组相信，如果审计员用以前那些最基本的审计原则（只需要稍微做一点点小的改动）来进行审计工作的话，那就将万事大吉。但实际上那是不可能的，因为很多事情都已经改变了。

首先，以前只有很少的几种公司类型。所有企业的工作流程和组织结构几乎都是指定且具有可比性的。企业的运作都遵循通用的标准。所以，我们能够在法律、规章、会计、员工福利［所有这些内容都必须加到公司与其利益相关者（以及公司与社会）签订的社会条款中去］等方面构造出一套完整的系统。不管是对小农经济、行业工会、贸易协会、企业家，还是对超级大型企业来说，这都是毫无争议的事实。

但是，在21世纪的今天，这个世界上不再有任何"典型的"公司。相反，不管是小型、中型或是大型的企业，它们在不断多样化，并逐渐演变为**混血儿—混血儿公司**。不管是内部还是外部的特点，它们只与其他极少数的公司相似，甚至有可能完全是自己独有的特点。

例如，现在的公司结构就包含了以下这些形式：

- 中央集权式的管理 VS 分权式的管理；
- 实际员工 VS 永久性的员工 VS 合同工；
- 无形资产 VS 有形资产；
- 全资子公司 VS 公司大股东 VS 公司小股东 VS 合资公司 VS 战略联盟 VS 授权公司 VS 租赁公司；
- 本地企业 VS 国有企业 VS 区域性的企业 VS 离岸企业 VS 跨国企业 VS 全球经营。

不同企业之间的相同点越来越少，同时，企业也不再总是商学院的教科书上所教的那几套模式。它们变得更加灵活，每一个企业都能建立一套独具特色的系统，从而使自己能更好地适应环境的需要。在对这样的企业进行审计时，尤其是当企业的某些行为值得怀疑的时候（就像安然公司那样），我们必须要跳出思维的陷阱、擦亮我们的双眼并仔细看清当今的企业与过去的企业的差异。

我们也不能再沿用以前的那些比较、控制系统。过去那些系统是不够的，除非我们能够设计出新的校准单位。例如，正如不同基因类型的人会需要不同的药物那样，管理、技术、法律及会计等各方面的原则都需要针对混血儿企业来制定，而不能以那些一般性的企业为标准。

企业在进行构建、拆分、重建及重新部署等各项工作的同时，必须有能力对成功（而非过程）所带来的各种反馈作出快速的反应。Lego-Bio 是一种新兴的企业模型，它将企业的重新配置的能力和生物学上的适应能力结合在了一起。在这样的企业中，永远不会有“钟摆”的现象发生，所有的运作都将是持续地、螺旋式地向前发展。

对于会计行业来说，“钟摆”式（而非“螺旋式”）的思维方式将会导致灾难性的后果。公众对各种会计丑闻所表现出的愤怒之情，迫使那些对涉及丑闻的公司持友好态度的立法者和管理者不得不密切关注这类丑闻事件并最终出台更为严厉的监管措施。2002 年 6 月，美国证券交易委员会（SEC）下达了一条指令，要求资产在 10 亿美元以上的上市公司的首席执行官和首席财务官发誓，他们的财务报告中所列举的数字全部属实。正如《华尔街日报》在那时所说的那样，这样的誓言将会使得那些公司高管们同时遭受道德上的谴责和刑事上的处罚。2002 年 7 月，美国国会颁布（由总统签署）了《萨班斯—奥克斯利法案》

(Sarbanes-Oxley Act)。这部法案针对公司欺诈行为的处罚作了详尽的规定，此外，它还赋予了审计人员独立的监管权力。在会计监管的发展上不会有“钟摆”的现象，也永远没有按原路返回起点的可能。

案例 3：市场

专家们总是出现在电视屏幕上为消费者提供各种建议，这些以市场的生命周期为基础的建议认为，过去发生的事情在以后还会再次发生——这完全是“钟摆”式的分析方法。很少有人是靠专家小组的意见来赚取财富的。这不是因为周期理论是错误的，而是因为大部分的这些专家无法看清现在时代和以前的不同之处。例如，在 2002 年，很多经济学家和博学者都对那时的经济状况感到奇怪，因为零售消费并没有随经济萧条而发生相应的变化。同时，我们也开始了解到，消费者的情绪和购买行为也不总是保持一致的。2002 年 4 月 8 日的《华尔街日报》上的一篇文章写道，不管是密歇根大学的消费者情感指数，还是会议桌上的调查报告，都无法作为预测消费者购买行为的依据。在过去的 20 年间，几乎没有证据能够证明消费者信心（消费者信心可能受战争、恐怖主义及自然灾害等因素的影响）与其购买行为（购买行为通常受消费者自身现金流的影响）之间有必然的联系。

一些专家声称，经济低迷时期造成了萧条的景象，但也在某些方面刺激了消费的增长，尤其是妇女的消费——这样的情况是完全可能的。2001—2002 年的经济处于减速期，而消费者在此期间的实际花费情况则表明了这样一种状况：当情况变得糟糕的时候，糟糕的人们就会去购物。

由于忽略了“螺旋”原理，很多零售商不能靠创新或提升自身的竞争力来吸引消费者，而仅仅只能靠降价来维持生存。这是（而且经常都是）一种自取灭亡的策略。他们只看到了那些专家们所描述的“钟摆”，但消费者的行为已经完全不同了，因为他们所面临的是新的经济形势、竞争更为激烈的市场、新的信息渠道和新的消费种类。例如，房屋维护公司和家具公司赚取的利润费非常丰厚，还有星巴克（Starbucks）以及视频游戏制造商也是如此。消费者正在发生“螺旋”式的变化，但专家却还在拥护“钟摆”。能够清楚区分这两者并以“螺旋”为基础制定策略的企业将取得更好的成绩。

如果你想尽量了解未来可能发生的情况，你就必须让自己的思维从“钟摆”的陷阱里跳出来。当从前出现过的状况看似会再次出现时，你必须尽最大的努力去找出（在已经过去的这几个月或几年之间）哪些情形已经发生了变化。社会、政治、科技、环境、人口统计以及经济事件和经济环境等在现在是一种状况，但在将来可能又会是另外的状况。找出这些变化后，你得让心灵的眼睛看清这全新的风景——只有这样，你才能正确地把握事物的循环周期。企业能够以团队合作的方式来完成某项工作，个人则可以单独来完成这件事情，或者同你信任的人（他们的观点能让你信服）一起来完成，你能够自己决定谁能在这件事情中给你最大的帮助。如果任何策略都是基于周期性的过程，或者看上去总会回到以前的状况，那么，“钟摆”的陷阱将会很诱人。尽管如此，只要你能用“螺旋”的思维方式去解放你的思想，你就能将未来看得更清楚并获得更多的收益。

[illegible]

[illegible]

[illegible]

[illegible]

[illegible]

第4章 两极端赋予中间部分更多信息

几年前，*Harper's Bazaar*（一家美国时尚杂志）打电话给我们，要我们评论一下当今的时尚现象：在一些时尚潮流（精致面容、短筒袜、平底鞋以及孩子般的、天真烂漫的姿态）盛行的同时，很多低劣的、虚无缥缈的潮流［身体打孔、头发高高竖起（如锥形一般）的发型以及带有补丁的、被故意撕坏的破烂外衣］也屡见不鲜。我们的回答是，这实际上是处于两种不同极端的时尚潮流。那些时尚的设计者们在故意地将时尚带向另一个反向的极端，其目的是为了在这个广告满天飞、媒体无处不在的世界里吸引大众的眼球。*Harper's Bazaar*杂志的记者还问到，她如何才能从商业的角度来看这些现象——“时尚产业会如何应对这种矛盾的现象?”我们回答说，几年之后，在反复被置于两种极端的时尚之中却不能区分主次的情况下，大多数的主流女性会尝试那两种极端的中间部分（在耳朵打孔以及在背上刺一个玫瑰图案的同时也穿平底鞋）——而这正是现在正在发生的现象。在立场越来越鲜明的情况下，位于“中间部分”的时尚正小心翼翼地向前发展着。时尚产业也因此而获利，大量的利润正源源不断流入。中产阶级家庭的主流女性比以往任何时候都更加喜爱打孔、纹身以及平底鞋。

从宗教到政治再到人们的消费行为，所有的一切最终都表明，极端的事物总是在向中间部分发展。例如，在“支持堕胎”与“反堕胎”的争论中，只有最极端的倡导者才会始终坚持自己最初的立场。现在很多女权主义者认为，除非身体状况有问题，否则怀孕5个月以上的妇女不应该再去堕胎；包括修女在内的很多天主教徒都认为妇女应该完全支配自己的身体，同时，整个国家都被迫去思索这个曾经只有少数人窃窃私语关心的话题。也许，随着遗传工程的发展，这个话题很快就不会那么火热了。如果想预测出"中间部分"能产生怎样的效果，你必须将你的思维从片面的陷阱中解放出来，客观地考虑两种极端的情况，而最终，"两极端"会赋予"中间部分"更多的信息。

19世纪早期，德国的哲学家格奥尔格·黑格尔（Georg Hegel）提出，社会的变迁总是采取辩证的形式，那就是总是在一个论题（观点或主张）出现的同时伴随着反论题（相反的观点）的出现，最终，这两种极端的观点会融合成一个综合性的观点。

在你尽力去了解那些能在未来影响商业策略及个人选择的趋势的时候，那种从极端向中间部分演变的动态过程会发挥重要的作用。在20世纪70年代早期，信诚人寿保险公司（Prudential Life Insurance Company）的一位管理者针对保险业的同行（其他保险公司的执行官）做了一项非正式的调查，看看在他们之中，谁会在最短的时间内拥护（或至少接受）那些在当今这个时代中涌现出来的新现象——没有婚姻关系的同居、尝试药物（尤其是大麻）的刺激、反对政府的立场（比如反对越南战争）、提倡市民及妇女权利等等。在考察了若干人口统计学方面的变量（年龄、性别、出生地、教育、收入及婚姻状况）后，他发现，只有一种变量能促使那些保守的企业管理者们接受并赞成这些新的价值观。那种变量就是，他们是否有孩子正处于（或接近）读大学的年龄。我们相信，从这项研究中学到的东西已经超过了该研究本身。尽管现在（已经过了30年了）这项调查可能就像是几千年前所做的工作那样没什么太大用处了。

这是一种称之为**突然出现在你面前**（in-your-face）的现象。当某些极端的事物出现在你面前的时候（如同你有一个孩子或一个浪漫的情人，他们拥护一些你从未听过或见过的新事物），突然，你的眼睛将不再只盯着原有的事物，你的思维也会彻底地敞开来接受某些新的观念。所以，一旦这些新事物出现在你面前，你处理问题的规则也将随之改变。同时，你会接受或疏远那些原有的事物——你爱的人、你追求的职业、你希望居住的社区、你想加入的俱乐部或者你上学的学校。

当艾滋病第一次引起美国公众关注的时候，它被认为是由同性恋导致的疾病。公众还认为，同性恋只属于那些非主流生活方式的人群，是遭受道德谴责的行为。因此，大家都觉得艾滋病只是那些人（同性恋）的问题，与本人无关。但随后，一些令人震惊的事情发生了。艾滋病带走了洛克·哈德森（Rock Hudson）的生命，而伊丽莎白·泰勒（Elizabeth Taylor）则呼吁公众关怀艾滋病人。对于那些谴责艾滋病人的公众来说，这两位名人是他们心中的偶像。

接下来的事是关于一个侄子（邻居家的孩子）的，他的一位校友在一次输血的过程中感染了艾滋病——遥远的灾祸就这样突然出现在了你的面前。两种对立的情况在以前就一直存在了——有些人对此漠不关心（实际上，他们相信，这是上帝对某些人实施的惩罚），而另外一些人则认为国家应该全力以赴地利用各种资源来帮助患者消除疾病。但现在，处于这两个极端之间的中间部分正日益受到关注。中间部分正变得更明智，并一步步向前发展。毫无疑问的是，这个国家（以及其他国家）同以前相比，已经处于一个非常不同的状况之中了。现在，人们对艾滋病问题关注的焦点主要集中在加勒比海地区、非洲及亚洲。在那些地方，更大比例的人群在遭受着艾滋病毒的折磨。随着各个国家联系的增加，这个世界正变得越来越小，其他地方发生的事情在本地也会发生。“突然出现在你面前”这一现象变得更加显著，而中间部分也仍在发展，没有任何东西是一成不变的。实际上，一旦“中间部分”开始在融合“极端部分”某些元素的基础上向前发展，极端部分便会进一步被现实所抛弃。这样的过程在不断重复着，而“中间部分”最终会成为明智的选择——当然，“中间部分”也会再次发生变化。

本章将探索 4 个关于“两极端赋予中间部分更多信息”的案例，并分析各个案例影响你本人、商业及经济的原因。这 4 个案例涉及的内容包括：政治统治、技术进步、言论自由以及男人和女人在人类进化过程中所扮演的角色。为了完成对案例的分析，我们将丢掉自己的某些偏见并找出一些潜在的合理观点，这样，我们将看到中间部分会在怎样的情况下壮大起来。

案例 1：企业的社会责任 VS 资本主义制度下的自由市场

（见表 4—1）

表 4—1

企业的社会责任的极端	资本主义制度下的自由市场的极端
跨国公司有责任在其做生意的任何地方为员工提供公平的工资以及安全的工作环境。	企业有责任为其股东谋求最大的利润。
大企业和国家政府都有责任减少由资本家的经营活动所引发的社会和环境的不公平现象。	当地政府和团体有责任做好自己该做的事。此外，亚当·斯密（Adam Smith）的“看不见的手”的观念强调了自由市场的作用——市场的自由化将会有利提高整个人类社会福利。
在工业上，应该消除所有那些在生产过程中造成的浪费现象（除了某些有用的，比如，动物浪费）。英国科学家詹姆斯·拉伍洛克（James Lovelock）提出了著名的“盖亚假说（Gaia Hypothesis）”。他认为，地球是一个超级的生命有机体。以此理论为基础，现在的生态学都更加强调“减少、再利用、循环利用”。	工业生产过程应该是高效率且高利润的

在两种极端之间，同样产生了其“中间部分”——呼吁一个更加有人性、更富有同情心的资本主义。自由市场的支持者［甚至包括彼得·德鲁克（Peter Drucker）在内］现在也开始认可政府对市场的干预。政府通过管制、立法以及刺激经济等手段来干预市场，以确保各个企业在盈利的同时能够承担起更多的社会责任。这对很多人（尤其是那些将为大公司工作作为自己人生理想的年轻人）来说是非常重要的。所有公司都希望能招聘到最优秀、最聪明的员工，但若想实现这一愿望，它自己首先必须是一个对社会和环境负责任的企业。

最初那些很极端的观点，最终都被“中间部分”以某种方式吸收。例如，不久以前，环境保护运动被认为是一项彻底的“边缘运动”而遭到很多人的排斥。20 世纪 80 年代晚期，我们的某位客户（一家大型的金融服务机构）举行了一次活动。在这次活动中，我们聊到有关环保方面的话题，并认为环境保护运动正受到越来越多的政治影响。这家公司的CEO被激怒了——仅仅因为我们谈论这个在他眼中是“边缘运动”的东西。事实上，他是如此得愤怒以至于他结束了同我们的合作关系。但很快，到了2003年，10家全球主要的银行签订了“赤道原则”（Equator Principles）——这就是在对公司进行贷款融资的时候，要引入社会和环境影响方面的标准来考察贷款项目。

兴起于20世纪90年代的“第三条道路”政治理论就是在极端的“左派”政治路线和右派政治路线之间所诞生的中间部分。这个理论在比尔·克林顿、托尼·布莱尔（Tony Blair）以及格哈德·施罗德（Gerhard Schroder）手中都得到了很好的展现。它的目的是使市场经济更加人性化，减少那些由资本主义引起的社会和环境的不公平现象，创造一种包含同情心与责任感的新型社会福利，并鼓励新型的全球化管理。

共同基金公司Pax World在1971年就看到了“完全的社会责任与环境保护”这个极端，并创造了一个名为“社会责任投资”（Socially Responsible Investment，SRI）的金融工具。这个金融工具实际上就是在追求一种“中间部分”——投资者在赚取利润的同时也在支持更加人性化的资本主义。而“社会责任投资”在其担保的年限中，已经展示出强有力的盈利能力。美国耐克公司（Nike）如果能早点关注发展中国家工人的权利，也许早就将自己从大量的负面影响中拯救出来了，更别说销量损失的挽回了。

随着“中间部分”的发展，公司对生态环境及社会的影响也许将不得不以债务（或资产）的形式反映在会计账目上——尽管这些内容现在还没有记录在公司的资产负债表上。随着“产品生命周期管理”的发展，制造业将面临很大的压力。因为“产品生命周期管理”意味着从生产到资源配置的各个环节，都必须考虑能源和浪费所造成的影响。戴尔电脑公司（Dell Computer）已经开始用自己的“循环利用程序”来做这项工作了。贸易和职业协会的工作则是站在战斗的最前线来应对和处理那些新的公司联盟和权力中心的任何公司都不能将其公司地位及市场地位视为理所当然的东西。

这个世界曾经形成了非常鲜明的两个极端：自由市场 VS 社会主义、剥削工人 VS 工会代表。现在，中间部分正在飞速发展，而且任何经济事物都将受到它的影响。

案例 2：技术乐观者 VS 勒德主义分子

在英国 19 世纪早期（工业革命的初期），一群农场工人漫步于乡间，决心要毁掉农场中的新机器。因为他们害怕那些机器会令他们丢掉工作。很多人担心，人类及其生活方式将被机器和技术所完全替代，而勒德分子［由内德·勒德（Ned Lud）的名字得来，此人是一个精神错乱的农场工人，他在 18 世纪末期率先开始毁坏农场的机器］正是这种观点的先驱者。这类人可以被归为一个极端：过于害怕技术进步。

在人类存在的数千年间，有无数为技术而奉献一生的人。他们用火、轮子、金属、齿轮、发动机、人眼看不见的电波、原子以及电脑芯片来为人类生存的物理条件服务。科学家和技术专家是社会进步和经济繁荣的关键贡献者。很多人相信，人类欠那些科学家们很多东西；他们还相信，在未来能预见的很多问题仍将由科学家们来解决。这类人可以被归为另一个极端：对技术持极度乐观的态度。

为了能够明确上述两个极端中的“中间部分”，在一份清单上列出两个极端中的潜在的合理观点再次成为一项非常重要的工作。而要完成这项工作，还必须有不受困扰、毫无偏见的头脑。这样的一份清单必定是冗长的，但我们仍然在此归纳了一些关键的要点（见表 4—2）。

表 4—2

技术乐观者的极端观点	勒德主义分子的极端观点
技术将团结整个世界、克服所有的歧视、让所有人受到普遍的教育、满足人类的每一项需求、解决任何问题。	技术将使所有人丢掉工作，机器将抢走我们的饭碗。我们正被这个信息泛滥的社会所折磨，毫无人性的电子产品遍布全球，逐渐侵蚀着社会团体以及人们的信念，而人类的价值观和道德观也不断地被贬低。

续前表

技术乐观者的极端观点	勒德主义分子的极端观点
无线电通信技术使你能够在任何时间、任何地点工作。	在这个每天 24 小时中工作 7 小时的世界里，公众生活与私人生活之间的差异日渐模糊。
不断进步的监控技术将为人类营造一个美好的未来，那时，任何犯罪及恐怖主义都将被监视、被消灭。	技术使离岸公司以及金融机构的犯罪活动增加；技术还导致了更多的网络犯罪活动（黑客、盗取用户的账号、恶意的网络破坏活动以及网上诈骗）。在电子监控系统下，无辜的人会莫名其妙地被捕。
因特网将世界上的任何东西都连接在一起，使每个人的生活更容易、更美好。因特网将营造出一个“网络共产主义”世界，并将使地球上的居民们能方便快捷地得到更多信息。	网络虚拟世界与内嵌芯片的电脑一起，将剥夺你的人性及自我意识，使你完全处于机器及其制造者的控制之下。因特网还将使版权保护受到威胁。
“Robo sapiens”（由人类和机器人所得的混血儿）将拥有比普通人高得多的智商。	无论是虚拟的电子助手或是虚拟的浪漫情人，“计算机个人性格”（cyber-personalities）将极大地改变人与人之间的关系，而且这种关系的改变远远超出了人的能力所能控制的范围。
遗传工程将为整个世界生产出足够多的食物，还能给世界上贫穷的人们送去便宜的药物，这些药物（即使不能治愈所有的疾病）能治愈绝大多数的疾病。	遗传工程将以破坏自然规律的方式来改变庄稼、其他植物以及人类的身体，那必将给我们带来难以预料的灾难性后果。

中间部分在与这两种极端相抗衡的同时也试图调和并接纳这两个极端中的某些元素。首先，它们既要求政府培养网络虚拟世界，同时又要求政府对其进行监管。欧洲计算机空间协议委员会（Council of Europe cyberspace treaty）将联合其 41 个成员国制定统一的法令，共同抵制网络黑客、诈骗以及色情。拥有 48 个成员国的《海牙公约》（Hague Convention）则没有制定统一的法令，而是要求所有的网上交易都受其任何一个成员国法律的制约。看看有哪些国际条约的产生是由两个极端所导致的将是一件很有趣的事情。欧洲已经有效地颁布了关于将遗传基

因技术应用于食品的某些法令，但反对者却认为，那样的法令会使得穷人没法获得同样的（美国人所吃的）食物。主要的食品公司巨头被夹在两类极端的消费者之间左右为难。中间部分则在此时慢慢发展起来。

监控设备能够用电子追踪的方式查明汽车的使用情况，并以此来确定汽车的保险金额。现在，公司已经能够追踪某人在网络上浏览的整个虚拟过程以及某人在使用手机时（在网络上）的虚拟位置。但在这个过程中，是谁把那些踪迹画出来的？他是怎么完成的？美国国会已经收到大量要求保护私人信息的文件，因为消费者有这样的需求——私人信息应在自己的控制中而不会被那些收集此类数据的公司所侵犯。随着越来越多的人使用网络、手机以及诸如 OnStar 这样的追踪系统，个人隐私遭到侵犯的现象正在不断上演。

很多人希望网络上的虚拟社会能够模仿现实中的社会规则。为了能与其他网络用户在网上建立起和谐的关系，现实社会中那些好的价值观（诚实、易接近、可信赖）是非常必要的。从心理上来说，人们进入网络世界并给予他人应有的尊重，他们同样希望能得到别人对自己的尊重。所以，如果网络不按正常的规矩办事，他们就会感到愤怒，感到受到了伤害。**智能接口**正在从冷漠的机器变得富有情感，它能够礼貌地、充满感情地、灵活地、创造性地表达各种语言、赞美、恭维及优雅。

儿童越来越喜欢电子玩具，就如同喜欢那些有生命的宠物一样；日本男人很喜欢与网上的虚拟女友（那实际上是设计了很多情感游戏的软件程序）保持关系。所以，“爱情技术接口”的定义（涉及了所有的网络协议）已经在不断发展了。

你和你的同伴一样，在上网的同时也希望能保护自己的个人身份；你和你的同伴一样，在思考问题的时候不愿意接听手机；你和你的同伴一样，非常依赖电子邮件但又想摆脱那些汹涌澎湃的广告信息和垃圾邮件；你和你的同伴一样，在做出改变的同时也逐渐协调并容纳各种极端，从而在自己的生活中达到某种平衡。

随着技术的进一步发展，技术支持者和勒德主义分子还会继续通过思考、反对、法律诉讼以及政治威胁等各种手段来相互抗争。但在他们争斗的过程中，中间部分将包含更多的信息。中间部分会倾听极端部分所发表的言论，会看到极端部分所预见的未来；中间部分会创造出新的技术、新的行为以及新形式的人际关系。中间部分将向前发展！

案例 3：言论自由 VS 审查制度

（见表 4—3）

表 4—3

言论自由的极端	审查制度的极端
任何人都被允许通过媒体对其他人发表言论。	在什么地点说什么话应该有个限度，而这个限度应该由政府和社会团体来设定。任何歪曲社会形象的语言都必须被禁止。
庸俗、粗鲁是我们为了追求言论自由而必须付出的代价。公众，不管是一个人还是 100 万人，都有绝对的权利来决定自己说什么、看什么、喜欢什么以及做什么。像 Icebox. com（这是一个毫无品位的、带有攻击性风格的网站，它提供很多尖锐的、激进的画面）这样的网站是可以容忍的。因特网当前有 2 300 个仇恨性质的网站——这样的情况也可以接受。Stormfront. com 为极端主义分子提供网页主机服务，使他们能够逃避欧洲的“反仇恨法”——这样的情况也不存在任何问题。	应该把审查制度应用到电视、因特网以及其他媒体上，以此来保护我们的价值观和道德观并将我们的文化从那些粗鲁的言行中拯救出来。
通过完全的信息披露及言论自由，民主制度会得到更大的进步。	如果国家安全受到了危害，那民主制度也将被破坏。基于这个原因，涉及政府事务的言论必须遭到严格的禁止。

那么，这两个极端是如何赋予中间部分更多信息的呢？有偷窥癖的人一直以来都被那些保守派以及信奉正统基督教的人所痛恨，但同时，他们又被那些文化自由论者（至少在观念上）所接受。在 21 世纪的最初几年，很多诸如“Big Brother”（在这个电视节目中，10 个普通人将在一个完全用铁丝围起来的屋子里一起生活 100 天。在这段时间之内，这些人说的、做的**每一件事情**都将被外面的人所看到、听到）、“Survivor”以

及“The Osbournes”等现实生活秀节目已经泛滥成灾。年轻人在电脑的显示器上连接了摄像头，这样，任何陌生人都能通过因特网看到他们的样子。拥有大量年轻追随者的音乐电视制作人汤姆·格林（Tom Green）还录制过一套特别的电视节目——他让人把自己实施癌症手术的全过程给拍摄了下来。还有人在网上播出了自己生孩子的全过程——每一个细节都展示无遗。博客（这一个是由网络日志衍生而来的术语）现在的行情非常火爆。人们都假设别人将（或应该）对自己博客上的内容感兴趣，因此，大家都在个人博客上尽情展示自己的想法、观点以及各种经历。美国律师拉尔夫·纳德（Ralph Nader）组织发起了一场消费者权益保护运动，针对技术方面的消费者权益保护，纳德呼吁给那些服务不好的网站加上一些提示性的后缀名（比如，“.isnotfair”或“.suck”等）以帮助消费者更好地识别哪些网站是他们不喜欢的。

另一方面，全球最大的图书及音像制品销售商沃尔玛（Wal-Mart）从不卖那些有可能冒犯消费者的娱乐产品。沃尔玛也因此而获得了巨大的成功。基督教书店以及宗教、精神传播方面的媒体在整个出版物行业中增长最快。

两个极端都在尽力保护各自的立场，这也迫使中间部分必须更加小心谨慎。最终，在一个典型的家庭中，曾经被认为粗鲁、无礼的辛普森家族（Simpson），现在也看上去是那么的温顺。那些在第一个季度里排名靠前的现实生活秀节目现在也变得乏味起来；很多人会在媒体面前大胆直接地展示与性行为有关的内容，但这样的行为现在正在被不断贬低，并被认为与展现暴力和破坏没有任何区别。这些现象也在不断地把新闻和娱乐的边界往外推。

一直以来，社会上总是存在这样一个争论：有多少政府的数据、决定以及行为应该被揭示给广大民众呢？有些人认为，政府的任何东西都应该保密；但有的人却认为政府的所有内幕都应该公之于众。随着政府事务以及各种危机的揭露，中间部分持续向前发展着。总统的性丑闻、吸毒事件等必须曝光，这已经成为广大公众的主流意识。通过“信息自由法”（该法令曾经被一些人认为过于激进且毫无爱国之心）获得的数据现在正同时被左翼和右翼分子所使用。迈克尔·摩尔（Michael Moore）于2004年推出的电影《华化911》（*Fahrenheit 9/11*）引发了双方（左翼分子和右翼分子）激烈的争论。最终，这部影片为“非小说类电影”开创了一种新的形式（集教育性与娱乐性于一身），并将对传统纪录片产生深远的影响。中间部分将融合所有这些电影的特点，形成一种既包含教育，又包含娱乐成分的合并物，并且通过另外的渠道来获取那些先前未泄漏的信息。

所有知名企业都有（或将要有）一个（或者更多的）专门诋毁自己的恶意网站。这些恶意网站通常是由那些对老板怀有怨恨之意的员工或不满意的消费者创建，网站上提供很多关于目标公司的评论和信息，内容涉及一些鲜为人知的内幕揭露或是一些诽谤性的批评。一些公司求助于法律手段来对付这些恶意网站，但大部分最后都无功而返。精明些的企业会随时监视那些恶意网站，并努力搜寻潜在的类似网站。同时，他们会精心准备并发表一些理由充分的、合情合理的解释来表明自己的立场，并以此来回击那些无理的控诉。更多公司不得不使用上述方法来保护自己，因为因特网正逐渐发展成一个现代版的“古罗马城”（在这里，反对方的阵营通过中间渠道来宣泄情感的行为正越来越被大众所接受）。

自从共和国政体在 230 年以前成立以来，有关自由言论方面的争论在美国就一直非常火爆。尤其是在 20 世纪 50 年代［也就是参议员约瑟夫·麦卡锡（Joseph McCarthy）的全盛时期］，那种争论的局面简直紧张到了令人难以承受的地步。而现在，关于国家安全和宪法权利方面的争论同样激烈。随着恐怖主义以及政府对恐怖主义的关注不断升级，来自各方面的争议也将更热烈、更嘈杂。在这个过程中，中间部分会倾听各方的意见、仔细评估各种情况、调节各个极端部分并不断改变自己的立场以保证自身的时代性。

案例 4：传统的性别角色 VS 非传统的性别角色

如果让我们来看看男性和女性的传统差异，会发现那些差异可以被归纳为“6 个 B”：强壮的肌肉、养家糊口、狂野不羁、驾驭、交配、打扮（见表 4—4）。如果你极端地表现出了前 5 条特征中某一条，那你一定是个男子；相反，若你只表现出最后一个特征，你一定是一位女性。但是在当今的社会，那些极端的表现已经索然无味。那些维护“真正的”男性或美化“真正的”女性的人，在很多人（对以上两种事情都不做的人）眼中一无是处。

表 4—4

传统的性别角色的极端	非传统性别角色的极端
男人的定义就是强壮的肌肉——用体格力量来获取经济及社会地位的能力。女性如果希望得到别人的喜爱和接受，就不能像男人那样去显示自己身体的力量。男人若没有自信或没有强大力量，便不会成为伟大的人物。	在当今社会中，脑力对经济进步的作用更甚于体力。因此，在这样的环境中，处于弱势的一方不再只是女性，男性同样可能变得虚弱和卑微。
男人是负责养家糊口的人。女人只能待在家里料理家务。	女性正逐渐成为家庭中主要的（或惟一的）收入来源。男人在家操持家务的现象现在越来越普遍。
男人是狂野不羁的——总是带有侵略性、竞争性且总是信心满满。女人则是端庄而有节制的。	现在的女人在电影或摇滚乐队里所扮演的角色几乎同男人一样狂野不羁。女性暴力犯罪的事件也在不断增多。而另一个日益普遍的现象就是，男人常常表现出自己软弱、女性化的一面。
男人有驾驭一切的倾向。他们总是能够更好地驾驭时代的引擎，不论是马、汽车还是电脑。	在美国，女性购买小汽车的数量比男性更多。女性操作电脑的熟练程度丝毫不逊于男性，而且，从历史上来看，软件程序方面的发明家和革新者主要都是女性。
男性在两性的交配中起着决定性的作用，且男性的强弱常常以其生殖能力来界定。	关于荷尔蒙方面的研究表明，男性和女性一样，体内都含有雌性激素。男性也有更年期（以睾丸激素的下降为标志），这一事实现在也得到了广泛的认可。由于克隆技术的发展，男人在繁殖后代的工作中也将不再是不可或缺的。
女性追求美丽，爱好打扮。因为对她们来说，年轻美貌是其成功的关键。她们还保有一项优势：只有女人才能生育后代。	男人（如果不是比女人更追求外表的话）同女人一样追求年轻以及好看的外表。“Metrosexual”是一个最近很流行的词，它被用来形容某些前卫的都市男子（非同性恋者）——他们喜欢追求传统女性所热衷的东西。

极端部分持续不断的对立推动了中间部分的发展。脑力劳动在当今时代的经济进步中比体力劳动更加重要。技术的进步能弥补残疾人在生理上的某些缺陷，有轮椅运动员参加的残疾人运动会也受到越来越多的关注。从全球范围来看，以政治协商和“软实力”为基础的世界新秩序在推动世界进步的过程中发挥着比军事力量更加重要的作用［不管怎样，还是要记住，戈达·迈尔（Golda Meir）、玛格丽特·撒切尔（Margaret Thatcher）以及英迪拉·甘地（Indira Ghandi）都把他们自己的国家引入了战争］。

在紧急事件中救出受害者（这是一件非常具有男子汉气概的事情）的能力，从另外一个方面表现出技术相对于人力的优越性。例如，司机能使用具有卫星定位功能的手机快速、毫不费力地进行户外呼救。而在“9·11”事件中的英雄（警察、消防员以及紧急服务员）成员里，也有大量的女性。

女性在各种大大小小的企业中越来越多地担当起领导者的角色，她们经营着很多大型的跨国公司，并代表了全球女性在经济地位方面的转变。《新闻周刊》（*Newsweek*）在回顾俄罗斯在 20 世纪末期遭遇的社会危机时，报道了俄罗斯男性沉迷于酒精的现象。男性特权和自豪感的消失，使得俄罗斯男子靠酒打发心中的郁闷。此外，俄罗斯男性的平均寿命也急剧下降，与女性大约有 15 年的差距（男性平均寿命是 58 岁，而女性达到了 73 岁），离婚率则达到了 76％。在俄罗斯，很多女性在工作地点都遭受过性攻击和性别歧视；而在印度、埃及和孟加拉国等国家，女性也常常遭遇尖刻的袭击。几乎在全球的任何地方，随着女性地位的提升，她们正成为家庭中主要的（或惟一的）收入来源，这也导致很多（支持男性主义的）极端分子的反对。

汽车已经成为了现代版的“马力”。在很长一段时间里，汽车不仅是男人独立、威猛的象征，还使得男人能炫耀其在机械技术方面的特长——简而言之，汽车就是用来形容男性的东西。现在，女性消费者购买的汽车数量占到了美国新车销量的 60％；福特汽车公司（Ford）和通用汽车公司（GM）在加拿大的分部都是由女性领导者所掌管；普通男人也不再具有独立修理新车的能力，因为那样的工作只能由技术专家在无数计算机工具的帮助下才能完成；而技术的发展也预示着，更多的汽车在将来会实现自动驾驶。

电脑是当今时代的引擎，它不仅被男人所使用，也同样被女性所驾驭。根据女性历史博物馆的记载，艾达·拜伦（Ada Byron）早在1843年就为计算机设计了“穿孔卡片”（punch-card）程序，同时，她还是历史上第一位用公式阐明“堆进—堆出”原理的人。为了纪念她，美国国防部在1977年将计算机系统命名为ADA。海军上将格雷斯·默里·霍珀（Grace Murray Hopper）在1957年奠定了现代计算机软件的基础并推动了COBOL的发展。在美国硅谷中工作的人既有男性，也有女性，而毫无疑问的是，在计算机革命的过程中，女性的参与（以及她们在键盘打字方面的历史优势）使男性在此工作中的很多方面都相形见绌。

性别问题极端化的结果将继续对商业产生重要的影响。很多人认为教育、关怀属下等方式体现了更加女性化的管理风格。在当今企业里，大量独立的员工渴望得到同等的尊重和关注。因此，即使公司是由男性管理者所掌控，他也必须融合两种（男性和女性）管理风格。

随着极端部分逐渐向中间部分发展，广告商和市场开拓者们也正在通过各种方式不断牟取利益：

- 耐克公司充分利用了新近流行起来的中间部分——运动型女性。正如其网站上的口号“向女孩一样运动”所宣传的那样，耐克公司呼吁大众都要像女运动员那样去锻炼，因为女生有能力在各项球类运动中同男生“一较高下”。同时，对于户外运动装备的销售来说，增长最为迅速的部分正是女性消费者市场。
- 现在，更多的男性开始使用化妆品、香水、耳环并使用手术整形来使自己看上去更加英俊潇洒（在其他一些文化的国家里，甚至若干年以前，就有这样的现象出现了）。在篮球明星丹尼斯·罗德曼（Dennis Rodman）率先使用眼影膏之后，雅诗兰黛（Estee Lauder）和香奈尔（Chanel）等品牌立即推出了面向男士的保湿产品、清洁护肤品、褪毛膏。指甲油厂商正狂热追逐着广大的男性消费者市场，男性美容沙龙的数量也在全球范围内日益增多。由日本化妆品巨头资生堂（Shiseido）所做的一项研究表明，在日本30岁以下的男性中，65%的人染过发，38%的人对眉毛进行过修饰，32%的人做过面膜。

- 大部分美国男性不再亲自做家庭维修和护理工作（粉刷房屋、修理管道、摆弄电器、整理草坪等），取而代之的是，他们会请工人或是使用 Home Depot 或 Lowe's 来帮助自己做这些传统意义上的男性家务事。而女性则成为房屋修理及改造市场上的主要消费者。Home Depot 和 Lowe's 都认准了这个趋势，并都将自己定位为面向这些新女性的产品提供商。一些针对妇女的数据统计也表明，女性的确成为 Home Depot 或 Lowe's 的主要客户。
- 制药界一致认为，Pfizer's Viagra 公司（同它当前的竞争对手一样）之所以能获得那么多潜在的市场，就在于其抛开了对传统性别角色的偏见。

主流女性喜欢珠宝、漂亮的纹身、运动鞋、敞篷小型载货卡车以及比基尼；主流男性则专注于内在的的设计和时尚，他们会玩高科技玩具、会在当地的健身房里进行举重锻炼、偶尔修修脚、搜集一下玩具熊，当然，他们也会戴耳环。极端部分导致了中间部分的产生，中间部分将向前发展。

如何学习并使用极端部分？

你必须感谢极端部分，通过它，你能了解并展望未来——而未来是属于中间部分的。从某种程度上来说，真正的民主意味着位于极端的两方有互相叫板的同等实力。若非如此，中间部分要么就完全倒向其中的某个极端，要么就根本不发生任何变化。问题在于，我们当中的大多数人都更加支持某个极端，以至于我们会拒绝、甚至忽略另一个极端的存在。实际上，两个极端都有其各自的合理性和价值。若认识到了这一点，你将会更容易消除原有的某些偏见，同时，你还能够领会到极端部分在哪些方面足够有效、足够令人满意并且足够强大（强大到能改变那个永远在不断进化发展的中间部分）。

如果某个特定争论的结果对你的生意或私人生活来说至关重要，那你最好把每个极端部分的潜在有效观点都记录下来——不管你是赞成或反对这些观点。你可以期望，未来是由中间部分中的某些共同点（一些来自于某个极端，一些则来自于另一个极端）所构成的。将你的思维从固守着某个极端部分的陷阱中解放出来，将使你能更好管理自己的生意、发现新的机会、过上更快乐的生活、成为一个更明智的市民并最终成为一个更具有适应性的人——你能够更好地应对甚至改变未来。

第II篇

组织陷阱：机构的偏见及在响应变化时遇到的障碍

第二次世界大战前，英国军队举行了一次军事演习。一位来访的美国军官在观看演习时注意到了一个很奇怪的现象。当时，炮兵部队正在进行炮台的布置，炮兵们都从卡车上下来并准备好大炮，这位美国军在看到军队的这些工作后，转向一位英国护卫兵，并问他："我发现每一个炮兵小组都有7个成员，但其中6个人把所有工作都做完了，而第7个人却只是站在那儿看着。他的任务是什么？"这个英国军官回答说，炮兵小组的确一直以来都是由7个人组成，但他自己也不知道为什么那第7个人啥事也不干。随后，他表示一定会去仔细调查一下情况。第二天，英国军官告诉美国人，这第7个人是用来牵马的。

当我们仔细观察自己的组织（不管是企业、政府、学校，还是其他任何机构）时，我们能找到多少类似的"第7个人"？很多的习惯、行为以及过程总是固定在我们的组织中，仅仅因为它们曾经是有效的，结果没有人想过去质疑它们现在是否还那么有效。这样的情况又有多少？

在本书的这部分内容中，你将近距离感受4种技术。这些技术将帮助你透过外星人的眼睛来看清楚任何组织并打破传统观念的枷锁。这4种技术的基础就是：效率中蕴含着缺陷、新型分配渠道的乘法效应、平均信息量以及正直带来质量。

第 5 章　效率中蕴含着缺陷

跋涉于巴拿马的甘伯亚（Gamboa）雨林区，你将遭遇无数的“小型高速公路”——这些特殊的“路”是由数百万只蚂蚁组成的。每只蚂蚁都扛着一小片树叶，朝着同一个方向前进。但同时，同样数量的蚂蚁正朝着相反的方向疾走。这些反方向行进的蚂蚁已经把搬运的货物卸载到家里了，现在正原路返回去再次搬运树叶。蚂蚁对树叶所做的工作（它们利用树叶来做成肥料）并非我们在此处所讨论的话题。蚂蚁的队伍几乎有一个足球场那么长，而宽度则几乎等同于一条 20 车道的高速公路。生态意识使得我们都不忍心踩到那些蚂蚁并破坏它们辛勤劳动的成果。我们的多虑把导游们逗乐了。他们告诉我们，不用绞尽脑汁去想如何绕开这些蚂蚁，直接踩上去，不会有任何问题。损失几百个成员不会影响蚂蚁大军的工作，因为还有更多的蚂蚁会随时补充上去进行支援。

当前，有很多学者都在研究这样一个问题：大群的蚂蚁（及蜜蜂）是如何协调其个人行为与组织管理的？为什么这些昆虫能够将这样艰巨的工作做得如此之好？关于这方面的理论有很多。正如导游指出的那样，其中一个关键的因素就是：**冗余**。

大自然是奇妙的，任何地方（从森林的土地到你大脑的内部）都充满着冗余。对脑血管病人所做的大脑研究表明，在脑血管病的各种症状中（比如，说话能力的丧失或瘫痪），女性患者比男性患者恢复得更快，因为她们的大脑中有更多的冗余空间。若大脑的其他区域遭到损害或被损害的部分扩大了，冗余部分便能对大脑的工作进行必要的补充。

在电影《斯巴达克斯》（*Spartacus*）那令人炫目的画面中，奴隶们被镣铐拴在一艘大船上，随着时快时慢的鼓点（鼓点的快慢取决于船长的命令）一起摆动船桨。他们将船桨向前推、又向后拉，没完没了地重复着那种单调的节奏。当有人病倒的时候，病号会立即被抛弃，而另外有人会马上顶替他的位置继续工作。在工业革命早期，工厂里的工人也是如此，他们都被当作是轮胎上一个备用的、可以用作替换小齿轮的工具。

今天，各行各业的工作效率比以前更高。在火箭、芯片、电子通信以及生化工程等高效率的领域中，很多人仍然是工作整体中一个可以被替换的部分，但这样的情况比以前要少很多，因为现在人力资源非常昂贵而机器设备则越来越便宜。因此，冗余的潜在长期利益在**效率**面前似乎不那么重要了。

效率的定义通常是指，工作过程中减少了能源、人力或材料的浪费。它通常是通过实体的输入值与输出值的比率来衡量。同以前的狩猎—采集社会（男人负责狩猎、女人负责采摘）相比，现代农业显然效率更高。以前的农民会安置很多的场所以方便工作，而现在只需一处固定的居所就可兼顾更大面积的田地，他们也不再需要到很远的田野里去采集草料；机械设备、动物以及各种工具都被广泛应用到耕种工作中，使农民的体力劳动大大减少；在农业知识及科技实践的帮助下，农民能够用最小的投入使庄稼获得最大的产出。

工业化给经济带来了更高的效率。城市将大量的工人与企业集中在了一起，从而消除了将分散的劳动力和商业中心连接在一起所需要的时间、成本和能源。楼房被修得越来越高，从而能最大限度地利用土地资源、基础设施以及各种材料，同时，还能够缩短居民和工人上下班所花费的时间。人们也不再把钱放在存钱罐里或塞在床垫下面，而是把钞票存进了银行里。通过将大众的钱有效地集中在一起，银行能更好地使其资产发生“杠杆效应”，从而在给予其客户更高利润回报的同时也为客户的财富提供一个更为安全的场所。

随着集中控制和发电系统效率的提高，日益庞大的能源系统能为无限延伸的电网提供足够的支持。从无声的机器到智能电脑，自动控制领域从未停止过对效率的探索。即使我们将眼光放远、遥望遥远的明天，也无法看到这一切（对更高效率的探索）的终点。

毫无疑问，效率会给我们带来好处。用更低的成本生产出更多、更好的商品，这对消费者来说绝对是有利的。尽管如此，任何事情都是有代价的。通常，效率的代价就是，它将导致**缺陷**的增加。

在这部分内容中，你能看到关于效率的例子以及由效率导致的缺陷——所有一切都将呈现在你的眼前。

案例1：通过电子技术实现加速

电子技术的发展使效率能得到更大的提高。统一的电子交易系统使人们进行买卖交易的速度快得难以想象。但同时，电子技术同样带来了很多缺陷。澳大利亚的犯罪学家彼得·格拉博斯基（Peter Grabosky）、罗素·史密斯（Russell Smith）及吉莉恩·登普西（Gillian Dempsey）认为，通过计算机空间进行的高效率交易为某些特定的犯罪行为提供了更好的机会。这些犯罪行为包括：

- 通过电子系统盗取他人资金；
- 敲诈、勒索；
- 通过因特网服务进行诈骗活动；
- 在线安全欺诈；
- 虚假广告；
- 侵犯知识产权；
- 商业间谍；
- 窃取他人的身份。

电子系统的瘫痪可能是更加令人恐慌的事件。在一个充满了网络连接的世界里（尤其是随着无线网络的日益增多），很多电子设备都更容易受到电磁干扰（Electronic Magnetic Interference，EMI）的影响。犯罪分子经常使用电磁干扰设备来令报警装置失灵。各国军队也在大力发展基于电磁干扰技术的武器，因为这样的武器能轻易摧毁敌军的命令和控制系统。曾经还有过这样的报道：落在路面上的高压线使其附近所有的汽车都被固定住而无法前进。在2001年的一起事件中，当“卡尔·文森号”（Carl Vinson）美国军舰抵达沃什湾（Wash）的布雷莫顿的时候，它发出的电磁干扰使其附近几千辆汽车的遥控开锁系统全部失灵。

案例 2：政府效率

人类的政治历史似乎就是一场为效率而进行的永无休止的战斗。我们建立政府，就是为了用它来取代混乱不堪的个人冲突、个人行为及个人标准；政府的成立还能使我们有更为集中的力量来保护自己；即使你身处最遥远的地区，政府也能通过它独有的功效来满足每个人的需要。从拥有大型城堡的封建地主到拥有国会大厦和五角大楼的华盛顿特区，整个关于政府的历史（和其他任何国家一样）都是在向着效率不断靠拢。

但也不是所有的政府都跟随这样的潮流。美国政府的创始人就是一群非常不同的人物。他们对于效率所带来的任何影响都非常谨慎。他们为之苦恼的事情有如下几点：效率使得权力更加集中，但权力总是被滥用；效率加速了决策的制定，但有时候，最为重要的决定往往要经历很长的时间、在付出大量的投入并得到最大限度的反馈后才能得出；不同文化背景的人对事物会有不同的理解，会有不同的信条和理念，因此，如何将各种效率进行统一也是个难以解决的问题。

所以，他们小心翼翼地为美国设计了一种崭新的政府模式——平衡权力（三权分立）。权力由 3 个政府分支机构共同分享——行政机构、司法机构和立法机构。这样的政府模式不仅能够遏制官僚主义的蔓延以及工作效率的低下，还能使国家免遭军事政变并使市政府避免作出会带来严重后果的鲁莽决定。这样的安排还带来了多样化的政治观点和见解，任何人都可以公开表达自己的政治立场（这是得到《宪法》保护的）。

从政府的办事效率这个角度来看，如果所有的政府机构都是由同一个政党所控制且政党里的首脑人物都有相同的政治观点，那么，他们将能够以更快的速度办更多的事。但如果该政党是朝着错误的方向（或失败的命运）在努力，那它会不会给国家带来更多不利的后果？这正是很多国家在 21 世纪最初几年所面临的难题，也是《美国宪法》的设计者和签署者们在 1787 年反复思索的一个核心问题。

案例 3：扭曲的速度

在《以扭曲的速度工作：日益快速的世界里获得成功的新规则》（*Working at Warp Speed*：*The New Rules for Project Success in a Sped-Up World*）一书中，巴里·弗利克（Barry Flicker）认为，我们发明的节约劳动力和时间的设备越多，生活的节奏就越快，而我们也反而变得更加忙碌，所以，我们是在以一种扭曲的速度工作。效率无情的提高导致每个人都在超负荷的工作，并使很多目标都变得不切实际。这些目标被定得非常匆忙，根本没有经过足够长的时间考虑，因此，这些目标不具有长远的眼光，只会增加人们的压力。人们总是在没经过验证的假设下，被要求在不切实际的期限内完成任务（“我昨天需要这些”）。这种在工作中产生的紧迫感将导致很多严重的后果：同事间的交流变得更糟糕（而不是更好）；计划方面的工作被减少甚至被删除了（那样的工作成本太高，且对资源的耗费非常敏感）；你无法得到公司其他部门的帮助和支持，因为其他部门的人也都是在超负荷的工作；没完没了的争吵也会随之增加（很多事情看上去都会浪费人力物力，所以，不到爆发危机的时候，他们是不会采取任何行动的）。

持续连接清算（Continuous Linked Settlement，CLS）银行的建立，对国际外汇结算来说是一次真正的革新。它使得国际外汇结算在若干家全球最大的银行之间进行，从而减少了时空差异给外汇清算工作带来的不确定性。但这个过程同样给各个银行带来了其他一些必须面对的风险：（1）流动性风险，各银行必须按照 CLS 所排定的进度表来开展其清算工作，而不能选择在自己最方便的时候去完成任务；（2）风险集中的问题，如果系统因为某些原因（比如，电磁干扰）出现故障，那全部的货币交易活动（每天 15 亿美元的交易额）都将瘫痪。

1998 年，美国“文森号”（Vincennes）海军军舰在波斯湾被卷入了一起令人叹息的事件。“文森号”是一艘防备周密的军舰，拥有能快速制定策略的高级计算机控制系统。当它的雷达侦测到一架正逐渐靠拢的飞机时，电脑立刻得出结论：那架飞机是带有敌意的。当飞机距离“文森号”只有 9 英里的距离时，电脑发出了发射导弹的命令，飞机随后被击落。如果军舰的防备没有那么严密，技术没有那么先进，那么，在船舷上用双筒望远镜侦查情况的水手会发现，那只是一架普通的商用飞机而绝非敌人的战斗机。如果是那样的话，悲剧也就不会发生了。

我们不仅忘记了如何使用双筒望远镜，我们更成为为那些设备服务的工具（那些设备本来应该是为我们服务的）。速度抹杀了我们的意识、理智及经验，我们在速度面前显得异常脆弱。我们已经有点忘记了这么一个事实：柯克（Kirk）船长总是比斯波克先生更成功。

生意场上关于这样的例子也有很多。工作于大型食品公司的商人们（他们是我们的客户）早在 20 多年前就开始关心条形码技术（bar-coding）对他们的影响。以前，他们每月获取 1 次市场数据，这给了他们足够的时间（1 个月）来分析各种信息，从而使他们能在产品分布上做出合理的决策。现在，他们每周获取 1 次数据，而且，很快他们就将每天更新一遍数据。大量的数据将他们淹没，结果，他们的工作变得更加匆忙、更加冲动。他们根本没有时间像看电影那样去仔细观察消费者的行为，而仅仅如照相机拍快门似的匆匆一瞥便草率做出决策。重要的是，他们根本没有获得更多的信息，而只是信息来得更快了而已。

对于公司的仓库及车间的库存工作（甚至是生产过程本身）来说，快速反馈系统毫无疑问地为它们带来了很大的好处。但现在，快速反馈（事件经过系统的修改后，将反映其结果的数据快速回馈给系统）正在成为企业和国际经济的颂歌。《福布斯》（*Forbes*）杂志在 2002 年 10 月曾报道过这样的消息：包括 IBM、微软及其他各种各样的公司在内的约 100 家企业都设置了高速信息反馈系统（或称之为，企业的“实时”处理系统）。汽车生产已经用上了那样的反馈技术；亚马逊公司也在利用即时反馈技术；信用卡公司、超市以及百货公司最终都无一例外地选择了使用反馈技术来为消费者服务。《福布斯》杂志认为，随着快速反馈系统的应用越来越普遍，当你向这些先进的技术设备投降的时候，你的选择、你的经验以及你潜在的学习能力等各个方面都将面临更多的风险和缺陷。

在索尼公司将“随身听”引入市场以前，市场上根本找不到任何“随身听”的影子。而在被引入市场后，“随身听”也是经历了很长一段时间才真正在市场上流行起来。现在，便携性及私人娱乐已经成为一种时尚的生活方式。如果索尼公司从一开始就使用快速反馈系统的话，那么，反馈系统很可能早就令索尼公司停止对“随身听”的推广了。

通过民意测验的方式来对政治活动进行反馈的做法，已经使我们完全忘掉了如何去仔细思考和理性判断。我们的行为正从“深思熟虑”变成“怂恿、迎合”。美国经济在20世纪90年代的飞速发展使很多其他国家都试图去追求那种美国式的效率——尤其是在美国的公用事业（交通运输、通信以及能源系统）方面。高效率的经济系统实际上是有很多缺陷的，整个系统（而不仅仅是其中的某一部分）可能会异常脆弱。所以，股票市场的反应速度现在正在折磨着欧洲的投资者。

《当代仇恨的声音》（*The Voice of Modern Hatred*）一书的作者尼古拉斯·弗雷泽（Nicholas Fraser）在2002年的一篇文章中写道，在劝说欧洲人相信私有化的过程中，美国人表现出来的虚伪令所有欧洲人都感到厌恶，欧洲人因此严厉地批评美国；而华尔街上频繁发生的丑闻则是引发这一切批评的最强有力的导火索。根据弗雷泽的观点，美国对效率的追求导致了很多方面的缺陷（欺诈、管理不善、形式单调、将消费能力较弱的消费者排除在服务范围外），而这正是全球其他国家都反对美国的一个主要原因。

冗余的重要性

最后，虽然效率是很多人追求的目标，但除非有冗余和多样性与之相伴，否则，效率将预示着即将到来的失败。效率的结果导致各个国家和各类组织（包括公司在内）在种种自然或人为造成的灾难（系统故障、系统崩溃、遭他人反对、犯罪行为的滋生）及不良影响（比如电脑病毒）面前，显得异常脆弱。推动生物多样性不断向前发展的主要动力在于，大自然总是在明智地创造着各种各样的变化。同拥有多种适应性特点的种族相比，只有单一遗传基因的庄稼或动物更容易被某一种特定的疾病所击倒。

多样性在商业上的重要性也是基于上述原因。单一性的结果是，一个错误或一个小缺口就足以毁掉整个公司或其赖以生存的系统。除了要有必要的备份系统外，公司的执行官还必须在自己的头脑中形成“多样性备份”的意识。否则，公司的执行效率（以及与公司的所有利益相关者集团）将遭受严重的危机。很多公司甚至聘请一些非法的网络黑客来帮助自己找出公司网络系统的漏洞。

在每个例子中，效率都帮助我们看到未来。因为，在效率的驱使下，所有的灾难——金融系统的崩溃、通信系统遭受的严重干扰、损失超过500亿美元的自然灾害（发生在人口聚集的沿海地区）、能源的消耗、房屋建筑的坍塌、恐怖主义的破坏以及在人口集中地区快速蔓延的流行病——都将是不可避免的。不管是烟雾弥漫的空气污染状况和拥挤不堪的交通运输，还是人与人之间亲密关系的破裂，效率在每个方面都伴随着昂贵的成本，且所有这些成本都是可以预料的。

总而言之，效率对商业的危害主要表现在以下几个方面：

- **空间**上的集中造成的危害在于，它使得由各种灾难造成的损失更为巨大。位于曼哈顿商业区的金融公司将其功能和人员都进行分布式（而非集中式）的管理，这样的做法看似效率低下，但是在“9·11”恐怖事件之后，所有人都看到了这种布置的明智之处。
- **时间**上的集中造成的危害在于，它使得公司领导在做决策的时候过于匆忙、草率，同时还使得员工在超负荷工作的同时耗费了大量的精力。公司在无情削减员工工资的同时，却要求他们创造更大的产出，这样的结果只会使得工人在生产中的出错几率增大，而平均生产率下降。
- **系统**的集中造成的危害在于，它使得公司的控制系统在面对病毒的侵入、电脑的突然死机以及其他一些连锁反应的时候，显得非常脆弱。电脑黑客利用各种蠕虫病毒能对系统造成巨大的损害，因为每个人都是在同一条信息高速公路上行驶的。
- **相似性**的集中也会带来危害，它使得组织机构过于单调，从而使我们的思维、身体和系统对外界局部的袭击毫不设防。早在20世纪80年代，我们曾问过一些银行家这样一个问题：“在你们看来，在即将到来的若干年时间里，你们所面临的最强的竞争将会是什么？”他们的答案都是“其他银行”，而根本没有没有人提到通用集团（GE Capital）、先锋集团（Vanguard）或其他新兴的金融机构。正是由于所有的银行家都这么想，结果，那些新兴的金融机构很快就大面积侵蚀了传统银行的市场份额。美国国会在 2004 年的一份关于中央情报局（CIA）的报告中，对集体审议的工作方式提出了严厉的批评，因为集体审议使各个机构的工作人员不愿意去挑战、质疑某些假设条件的真实性。

- **权力**的集中同样危害巨大，它导致了权力的滥用，并使得人们在“绝对服从”的意识中失去了创新的动力。怀特（T. H. White）在重述《亚瑟王传奇》的时候，用了一个比喻性的描述：默林（Merlin）将亚瑟王变成了一只蚂蚁。在蚂蚁的领地入口处，有这样一幅标语：在这片领地上，除了禁止干的事情之外，就只有强制性（必须要干）的事情。这样的做法（对命令绝对服从、不允许有任何改动或创新）对蚂蚁来说也许是上佳的选择，但对于人类的组织机构来说，那绝对是致命的错误。

在当今世界里，随着各种事物的规模越来越大、发展越来越快，效率已经成了缺陷的预告器。我们现在也都明白了这样的道理：系统必须进行备份、资产组合要多样化、提前准备好 B 计划以应对 A 计划失败的可能性。

这绝对是明智的建议。将思维从对效率的迷信中解放出来是一个最重要的目标，排除对效率的迷信，你将在冗余方面做得更加出色，而冗余定能使企业、政府和你自己都共同拥有一个更为兴旺的未来。

第 6 章　新型分配渠道的乘法效应

在美国经济所经历的一些根本性变革中，有一种变革被经济学家们称为**非中介化**，它是指供需双方在进行交易的时候，跳过传统的那些销售渠道（所有的中间商）而直接进行商品和服务的交换。非中介化是在20 世纪 50 年代晚期的金融界开始流行起来的。人们将钱从银行（传统的储蓄媒介物）取出，然后将其投向能给他们带来更高回报率的其他地方。这种现象刺激了共同基金的快速增长，将人寿保险变成更为复杂的金融工具，还导致了“不动产投资信托”和其他一些以逃避税收为目的的金融工具的诞生。最终，我们还能用最佳的抵押贷款利率从因特网上买到自己想要的 CD。

现在，非中介化不仅仅是金融界的特有现象，它已经开始影响其他行业和职业了。在某些例子中，这意味着取消所有的中介（经纪人、零售商或专业经销商）；而在其他一些例子中，它意味着找到一个替代物；除此之外，它还可能意味着买方直接与制造商交易；在将来，它可能意味着买方直接**成为**制造商。

非中介化意味着在信息、金钱、医疗保健、服装或是其他方面引入新的、可替换的分配渠道。当一种新渠道出现的时候，大多数人在脑海里做的算术运算会是减法，因为他们总是会落入这样一个陷阱：认为新的一定会**取代**旧的。实际不然（新的不一定会取代旧的）。在关于分配渠道的案例中，这样的现象还从来没有出现过。实际上，真正应该做的运算也不是加法，而是乘法。直到你将自己的思维从减法的陷阱中解脱出来，否则，在这个充满乘法的世界里，你将永远无法看到蕴藏在未来机会中的巨大利益。

我们必须要记住这样一个重要的原理：在这个充满多种选择性的世界里，每一条传送渠道都必须发掘自己独特的特点，而不要总想着去同其他渠道的特殊优势相竞争。

案例 1：媒体

当收音机问世的时候，家里的每个人都聚集在客厅里“收听”节目。这就是为什么当电视机问世的时候，很多人都相信，收音机将从此消失。在找到自己独特的优势前的一段时间里，收音机的确受到了很大的冲击。最终，广播电台的节目中不再包含那些神秘的谋杀案系列和各种各样的展览，而是集中在音乐、对话以及新闻等内容上面——总而言之，所有这些内容都是观众希望“听”到而不必非得看到的。此后，电视机和收音机促使着彼此共同发展，并且还由此衍生出了政治形势分析、音乐产品销售、社会名流的随身物品以及杂志等各类附属产品。

当录像机问世的时候，人们都以为电影行业的利润会减少。但实际上，电影工作室反而通过录像带赚了更多的钱。一些首映失败的电影［比如《王牌大贱谍》(*Austin Powers*)］通过录像带的出租，最终竟获得了极大的成功。从全球电影的放映来看，并不是每个人都有机会去电影院中欣赏影片，而录像带的出现极大地满足了这一部分人的需求。录像带市场也因此而迅速增长。不仅如此，以儿童为目标客户的外围市场也发展迅猛——孩子们对某部电影的录像带（比如《狮子王》）总是会反复观看若干遍，还会叫嚷着要家长为他们买各类相关的图书、磁带和玩具。这些东西会通过各种各样的渠道（迪斯尼乐园、杂货店或玩具店）传递给消费者。

21 世纪已经开始了，“石洞壁画”（cave painting）仍然在流行。艺术家勒罗伊·雷曼（LeRoy Neiman）在奥林匹克运动会的比赛地创作了一幅作品。他随意地往画布上洒满了油，作品就算完成了。然后，这幅原创作品以数万美元的价格被人买走，而它的复制品也能卖到数千美元的价格，即使是用来衬托该作品的陪衬物（比如，摆在咖啡桌上的几本书）也能卖到 100 美元。

如果你想看到上述事件的某些画面，你不会去买雷曼这个人，相反，你可能去购买**体育图片**；你若想看到事件的发展经过，那你既不会去买雷曼，也不会去买图片，而是会去现场或通过电视录像来观看；你要是只想知道事情的**结果**，就不会去做上述的任何事，而会去读份报纸、打个电话、浏览因特网、浏览一下新闻标题或者收听无线广播。所有媒体形式汇集到一起，体现出了乘法的作用：每种渠道都有自己独特的优势，它们为人类提供了更多新的选择。

案例 2：印刷 VS 因特网

当因特网开始进军杂志出版行业的时候，人们都普遍担心传统的纸张出版行业将会从此消失。但实际发生的情况是，市场上出现了数百种以电脑和网络为基础的新形式杂志（比如，*Home Office Computing* 以及 *Computer Retailing Weekly*）。对于很多大型书籍来说，硬拷贝（纸张）的形式有着很多战略性的优势。首先，在长时间阅读的过程中，同电脑画面相比，印刷纸张更容易被人的大脑所接受。在如今这个时代，人的大脑更倾向于接受印刷纸张的效果，阅读真正的纸张杂志会带给大脑更愉悦的享受。真正的纸张杂志以其光彩绚丽的视觉效果为读者带来了感官上的享受，而那是电脑屏幕和电脑打印物所不能比拟的。

另一个重要的因素就是人脑储存记忆的方式。人脑储存记忆有很多种方式，而短期记忆与长期记忆之间也有着很大的不同。短期记忆是储存在人脑的某个“文件抽屉”中，但短期记忆的功能完成后，这个“文件抽屉”就会迅速把其中的文件清除掉。另一方面，长期记忆则储存在另一系列“文件抽屉”中。长期记忆之所以需要很多“抽屉”来储存，是因为我们需要一些相关的参考信息和背景资料来帮助我们完成长期记忆的功能。这被称为**联合定位**。举例来说，2 个月前，你在报纸上阅读了一篇文章，如果你想现在再回忆起这篇文章的内容，你首先会下意识地想到很多相关的问题（这篇文章是在报纸上哪一个版面上出现的？是在版面的左侧还是右侧？是占了整页的篇幅还是半页？是否附带有图片或广告？）。换句话说，除了你想记住的内容之外，你还会把与之相关的其他信息一起储存进你的大脑里。

这也是为什么你会在考试之后迅速地把考试前夜硬塞进大脑里的知识忘得一干二净。因为那全是些混乱的短期记忆，没有任何背景、色彩、娱乐成分、感官上的满足或刺激性的信息来帮助你实现长期的记忆。没有上述这些相关信息的话，你的大脑会不知不觉地就把“抽屉”里的信息扔掉。有趣的是，我们有时候会记得住自己在试卷上做错了的题目。因为那些题目被单独挑选出来，挑战着我们的自尊心、迫使我们去重新学习。考试失败所导致的沮丧心情围绕在这些做错了的题目周围（增添了这些题目的相关信息），从而使我们对这些题目的记忆更加深刻。

就人的大脑而言，一个非常清楚的观点就是，纸张印刷和电脑屏幕是通过不同的方式为其服务的。出版商必须明白这两种方式的差异并在两者之间作出平衡（而不是忽略两者的不同之处）。对于即时新闻以及某些易引起观者关注的内容来说，因特网将成为主要的传播渠道；而纸张印刷物将则更适合于更“长久”的内容（长时期讨论的话题、需要长久保存的刊物等等）。最弱势的传播渠道可能会是时事通讯和教科书。前者不适合于较长篇章的内容，而后者除了在学术上有用武之地外，很少在其他方面被别人使用（除了用来应付考试）。尽管如此，将印刷书籍与在线出版物“相乘（做乘法运算）”，将为实时通讯和教科书创造出数百种新的机会——同作者聊天、通过练习册的使用实现交互式的学习、同其他读者互换笔记或是深入研究原始著作中只是简单地提到的某些问题。在这里，没有减法，只有乘法。

案例 3：校园学习 VS 在线学习

因特网的出现，使得世界上知识最渊博、授课最生动有趣的老师（或作者）能够在全球任何地方为任何人上课。只需要花费一丁点儿成本，你就能学习到比多数校园里的多数课程的老师和教授提供得更高质量的课程。基于网络的教学——**远程教学**的出现，引发了这样一个问题：网络教学是否会完全取代传统的教学机构？尽管有这样的疑惑，但我们必须清楚地意识到，不同的知识传播渠道有各自不同的优势。老的方式不会消失，相反，未来的风景将会是一幅新老方式共存的画面。

实际上，我们可以想象，生物学或考古学的授课（不管老师上课的方式多么风趣）就是一个典型的在本书第 1 章“通过外星人的眼睛看世界”所讨论的“知识障碍”的例子。我们知道了太多关于生物课和考古课方面的东西，以至于我们无法转变自己的眼光从不同的角度去看待它们。交互式技术创造出的新渠道，使任何年龄段的人都能自由地学习，而不用受到地点、角色的限制。使用“虚拟实境”技术，你可以摇身一变，成为一个抗击细菌入侵的白血球，在极其逼真的环境中学习到比 10 间传统教室提供给你的知识更多的关于血管方面的知识；利用同样的“虚拟实境”系统，你能够亲身参与考古学的挖掘活动，并获得比任何学术演讲传递给你的知识更多的关于考古学方面的知识。

进一步讲，考虑到“乘法效应”，没有任何理由不让我们的大学校园通过“虚拟实境”来发展零售业。在这个通过“虚拟实境”技术构造出的购物环境中，学生能够买到书籍、磁带、人工物品、衣物或其他任何能够拓展其知识经验的物品。

但现存的高等教育形式（大学教育）传递给学生的很多知识是（网络教学等）新型教育形式不能提供的。比如，社交活动、多文化的交互、独立意识的培养以及各类成人仪式（比如，如何自己清洗衣物）的学习等等。

当然，对于那些没有钱或时间去大学校园里学习的人来说，在线课程的确是不错的选择。然后，将在线学习与传统教育这两者结合在一起的学习方式也必将流行起来。实际上，现在大学校园里的很多课程都已经采取了在线授课的方式。

案例 4：零售业

零售业经常被认为是非中介化过程中的主要牺牲品。但实际上，由于“乘法效应”，零售业不见得一定是受害者。这不仅仅是针对本书第 1 章中所提及的关于“衣服和试衣间”的话题，对其他很多方面的事物而言也都是如此。以床垫为例，在大约 10 年前的某个星期日的晚上，某人回家之后，发现自己的公寓屋顶漏水了，且漏下的水弄坏了床垫。在那个时候，这意味着他必须得在第二天去一趟床上用品店，然后在工作人员将床垫送上门来之前等上几天。但是，现在，你只需要拨打“床垫专用号码 1-800”，一切购买的事宜都会有人给你安排好。在第二天早上 6 点～8 点之间，有工作人员会将新的床垫送到你家里来，并无偿帮你处理掉旧的床垫。这样的情形有什么不好么？当然没任何问题。不过，以下这种状况将是一个例外：一个女子与其梦中情人订婚，当他们决定一起生活并准备购置家具时，她可能不大会选择拨打“床垫专用号码”；相反，她可能会拽着她的男友一起到床上用品商店去挑选并试用各种床垫。这样，他们会选到最合适的床垫。不同的渠道有各自不同的优势，所以，那些通过“1-800”号码来销售床垫的公司现在也同样设置样板间来向顾客展示其产品。这就是“乘法效应”——电话、传统商店、因特网、产品目录等各种选择是交叉重叠在一起的。

案例 5：医疗保健

医疗保健行业是关于职业的非中介化和“乘法效应”的一个最主要的例子。50 年前，人们主要通过 3 种渠道来进行医疗保健：（1）全科医生；（2）医院；（3）制药公司。随后，越来越多的医生都成为这方面的专家。人们需要各个方面的专家，所以，每个人都往往在个人健康护理方面有多个医生而不是一个，包括内科医师、妇科医生、心脏病专家、整形外科专家或儿科医师等等。这些不同种类的医生之间可不会是“减法”的关系，相反，在为病人医治的过程中，所有医生都变得更加富有，因为所有的医疗保健项目会叠加在一起，从而使消费者花费更多的金钱。所以，医生们总会把自己的病人又介绍给别的医生。

医院也有着同样的状况。成本和管理方面的问题使医院受到了很大的压力，而第三方的付费者又强烈要求其进行改革，于是，医院间收购和合并的现象也越来越多。在这个过程中，医院变得特别“残忍”，从而涌现出很多替代去医院看门诊的方式——比如，专门提供为产妇接生的服务诊所、为患者消除心理压力的服务中心以及其他各种健康护理方面的“精品店”等等。

制药公司的现状反映出了同样的情况。一些公司拥有知识产权或品牌许可，另一些公司也许有些折扣渠道，其他的公司则可能发布药物目录。它们利用各自的优势，直接向消费者（绕过医生这个环节）做广告，从而极大地提高了药物的销量。消费者在健康护理上的消费增长速度快得简直令人惊愕。

在上述现象发生的同时，一些新的健康护理方式也日渐流行起来——“自助式”的家庭健康测试包（能测试是否怀孕或胰岛素的状况等等）、温泉疗养、营养书籍及营养中心、诊所、多医生企业以及能替代药物进行治疗的途径（脊椎指压治疗师、同种疗法医师、针灸医生、营养专家以及香料按摩师）等等。所有这一切都是“乘法效应”。

选择和选项

20世纪的最后几十年可以被称为选择的年代。在100年里，美国经济已经从亨利·福特（Henry Ford）的“消费者可以有他所希望的任何颜色的轿车，但福特车只有黑色”发展到了伯格·金（Burger King）的“用自己的方式做事”。各种各样的选择日益增多，消费者们获得了一种新的能量——能决定自己“要什么”、“什么时候要”以及“以怎样的方式去获得”。大家都为这种新的力量而兴奋不已。在零售业，我们以前常常去百货公司买东西。百货公司决定了交易的形式——交易的地点、时间、货物及价格。但现在，我们会更多地选择去亚马逊网上商店或易趣网上面购物，因为在那里，我们将自己决定买什么、在什么地点和时间交货以及交易价格是多少。

分配渠道的“乘法效应”似乎存在于生活的各个方面，从最平凡的方面（选择电力供应商）到最容易改变人类生活的方面（选择医院）。生活中的每件事都离不开选择：人们可能会选择去找厂商为自己定制一台电脑，也可以选择自己动手来组装一台；人们可以选择自己想要的手机服务计划；人们还可以在某天选择某种基因疗法来为自己、孩子甚至子宫里的婴儿带来某些改变。的确，你获得信息以及散发信息的方式都将包含着无穷无尽、错综复杂的各种选择。

在现实中，消费者既可能会得到真实的福利，也可能会遭受很多负面的影响。关于这方面的一个例子就是：随着政府管制的逐渐解除，电信行业的竞争者日益增多。一方面，竞争将那些沉迷于自己垄断地位的电信公司唤醒，促使它们开发出新的产品和服务，甚至降低其产品的价格；另一方面，电话公司为了争夺市场份额，总是会给消费者没完没了地打推销电话，并向消费者的邮箱发送一大堆令人难以理解的垃圾邮件。

“乘法效应”如何帮助你看清未来？

人们正在快速地变为 **mediapeds**——双脚上的媒介物。无线电通讯和电脑技术的飞速发展，使得人们能够低成本地传送信息和观点。当前，世界范围内的网民数量已经超过了 2.5 亿。更重要的是，因特网正在迅速地与电视、电话、无线电广播以及 CD 播放器融合在一起。移动电话的数量在 2004 年的时候就已经超过了传统的固定电话。不论你身在何处，你总是能随时得到本地及世界上的最新信息。在几年之内，其他连上因特网的东西（如浴室的标尺以及芭比娃娃）甚至会在数量上超过上网的人。

因特网设备（如移动电话）将无处不在。网络将连接手机、数字辅助设备以及其他各种各样的外围设备，使你能方便地使用各种小型的、无线的、高度个性化的网络计算设备，有些微型电脑甚至能内嵌于你的衣物甚至你身体之中。戴在手腕上的（外形像手表一样的）电子产品能够向你不断提供关于你身体健康状况的最新数据。内置微型芯片（电子胶囊）的卡片能够代替信用卡、钥匙、护照以及各种文件。它们还能够向控制着智能楼宇的电脑发送信息。一些工具软件将成为艺术家的好帮手，而“音乐创作的计算机模拟系统”可以将任何人大脑中的电波转换成为音乐符号。你的电子日历会自动地扫描（因特网）线上、线下的各种相关信息。“Scentography”使电脑用户能够追踪各类在线数据，从而提升其上网的娱乐性与真实性。在未来 50 年内，神经移植技术将增强你的意识并为你带来各种虚拟的感官体验。芯片的使用，能够延伸人类大脑的容量。当你需要“虚拟实境”的时候，芯片还能够抑制住你的真实感觉，并用适宜当前“虚拟实境”的电子信号来取而代之。

所以，与传播媒介保持联系的方式，将影响你的大脑思维以及你自己的性格。你可能会看到你的生活经验及人际关系是如何随着传播媒介而发生改变的。越来越多的人通过从网上或电视上观看别人是如何生活的（这样的娱乐节目满足了媒体报道的需要，也满足了窥探他人隐私的人的需要）来决定并选择自己的生活方式。人们还越来越依靠“第三方声音”（一些网络视频）来调解那些已经得到调解的争端。

广告商会把信息传送到人们的头脑中去，并以此来刺激消费者的购买欲望。但广告商的这种行为可能会被认为是一种“盗贼”式的行为——它侵占了大众的注意力，使人们随时随地都受到广告的骚扰。“Ambient advertising”则提倡一种更轻松、更随意的广告形式，它会提供表情丰富的广告牌、电脑模拟的芳香气味，还会为消费者们提供一个人工制造的 3D 环境（消费者能够在这样的 3D 街道上走来走去）。

各种各样的渠道还为个人多重身份的实现提供了机会。对于“我**是**谁?”的研究现在可以改变为“我**是**哪些人?”在 20 世纪 60 年代及 70 年代，很多在“婴儿潮”时期出生的年轻人动身去寻求自己所向往的身份。他们去了尼泊尔和秘鲁（聪明的人还到了法国首都巴黎），努力想摆脱曾经的环境赋予他们的身份。对于几乎所有的人来说，身份都是捡来的。换句话说，他们的身份总是由不受其控制的外部因素（谁是他们的父母、他们在哪儿生活、他们的学校、他们的种族和宗教、他们的家庭以及其他各种从属关系等等）所决定。在其他人的眼中，正是这些苛刻的环境决定了他们的身份。

在同命运的反抗中，那些年轻人希望重新定义自己的身份，从捡来的身份转变为**自造的**身份。

而对于在那一代人以后出生的人来说，即使不动身到很远的地方去，也能更为容易地实现身份的转变。技术就是实现这一切的关键。而因特网就是一个让你拥有多重身份的渠道——在网上，你能够在任何时间成为任何人和物。你可以是另一个人，你也可以是若干个不同的人。来自《纽约客》（*The New Yorker*）的一幅著名漫画描述了这样的情景：两只狗，一只坐在电脑键盘前，另一只则趴在地板上。电脑前的那只狗对另一只说：“在因特网上，没人知道你是一条狗。”

多重身份对某些人来说可能是令人恐怖的事情，但对其他人来说，则可能会是一种非凡的体验。它同样也会对商业造成很多麻烦。对市场调查来说，人们的多重身份简直就是一场噩梦：你如何对那些如同美国国家足球联盟那些来回奔跑的运动员一般狡猾的消费者进行分类呢？当你无法了解今天的消费者在明天会变成怎样的另外一个人时，你又怎样预测他们的消费行为呢？所以，我们必须要开发出能够追踪、预测消费者的新方法。

顾客的关注就是货币单位

约翰·佩里·巴洛（John Perry Barlow）是电子前沿基金会（Electronic Frontier Foundation）的创始人之一，他还经常为值得后人感激的死者撰写抒情诗。前些年，他写下了这么一句话："在信息经济时代，顾客对企业的关注就是货币单位。"即使他没有做过或说过其他任何事，仅仅因为他在这件事情上所体现出的深邃的洞察力，他就已经成了一个值得被世人永远记住的人。通讯渠道的增加，使得信息量也以几何级的速度爆炸式的增长，这意味着，今天的人们正奔驰于信息高速公路（如同高峰时段的加利福尼亚高速公路）之上。而持续的信息流通过繁多的传播渠道不停地对人们实施着信息轰炸。例如，据估计，平均每个美国人每天会接触到超过 2 000 条的市场推销信息。

显然，在这样的环境中，打开成功之门的钥匙就是要始终让消费者保持对自己的高度关注。如果你决定不看或者不听通用汽车公司的商业广告，你就必须要拥有比每年在广告花费上超过 30 亿美元的通用汽车公司更强大的意愿。

当新的竞争者加入到市场中来开始同原有的商家进行竞争时，市场上会形成紧张的竞争状态（通常是以不确定性和混乱的局面开场）。当迷雾被拨开的时候，有些足够聪明的厂商能够在发现自身优势的同时还领会到什么才是在这个多重渠道、多重利益、每个厂商都能分得更大的蛋糕的时代中最应该去做的事情。一个完全的"减法效应"从没有发生过，也不可能发生。

第7章　平均信息量

热力学第二定理是基于这么一种考虑：随着系统越来越复杂，系统中的能量随着时间的流逝而慢慢地消散并将导致系统处于失灵的状态，为了维持这个系统，我们需要耗掉比系统本身更多的能量。这就是平均信息量。让我们想象一下这样的情景：新修的房屋在一段时间后，其地毯和窗户都需要清洁打扫，最终，它们将被新的地毯和窗户替代；再过些时候，房屋的外表及屋顶需要重新擦亮一遍，最终，它们也将被新的替换；甚至再晚些时候，炉墙、地基以及房屋的管道系统都需要检查和修理。这间屋子最终的结果就是，对其进行维修、保养的花销是如此昂贵，还不如将屋子推翻、重建一间新房来得便宜。

商业世界同样无法免除平均信息量现象。**基准**（用来鉴别最好的商业行为以及能够体现那些商业行为的公司）就是关于这方面的一个完美的例子。某个公司因为文化和观念的转变而获得了惊人的成功，其他公司就会去学习那家公司的操作流程并应用到自己的日常运营中去，希望以此能仿效那家公司的成功。对于这些仿效他人操作流程的公司来说，这种新的操作流程并非是基于本公司的特点而自然发展起来的，因此，随着时间的推移，公司必须耗费更多的能量来维持其采纳的这种新的操作方式。最终，所有努力都会不堪重负，你会发现，同最初采取这种新的操作方式相比，维护这种新方式所花费的成本更大。

从外界引进所谓的明星职员同样会导致平均信息量现象的发生。一篇于 2004 年 8 月发表在 *Inc. magzine* 的文章公布了一项由哈佛商学院（Harvard Business School）教授们所做的研究。该研究表明，明星职员跳槽到另外一家公司后，通常都不会像在之前的公司中表现那么出色。他们先前的成功在某种程度上是依赖于自身的特长与前工作岗位的适合程度，以及前任老板的人力和物力资源。当这些明星职员们在新的老板那里无法得到之前的那些资源时，他们的表现水平往往就会大打折扣。这篇文章还引用了一个小公司的例子，野花集团（Wildflower Group）发现，在这个小公司中，不仅那些外来员工因为对新工作的不适应而充满怨恨，就连公司本身的老员工也同样闷闷不乐。公司不得不花费更多的成本和精力来维系这些新引进的员工，而这些花费远远超过了重新培养本公司原有职工所需的成本。

通过观察平均信息量现象，你将能够更好的预测未来。为了跳出平均信息量的陷阱，企业必须更加机警、更具创新性，而且不要惧怕试用新的手段（这些新手段往往通过公司对自身的修改而创造出来）。

案例 1：税收

税收就是关于平均信息量系统的一个典型例子。美国的免税代码现在有几千页那么长，而为了维持这个效率越来越低下的系统，需要在会计师、税务律师、评估师、美国国税局代理、电脑硬件支出、审计师等多个方面花费更多的费用。在当今世界里，征税不仅为政府服务，它还有使收入平均化及重新分配社会财富的功能。所以，我们既有累进制的收入税，也有高税率的个人继承税。随着时间的推移，税收系统的庞大能量开始对系统本身的功能产生负面的影响，并导致其能量的分散。另外，近几十年来发生的很多变化也进一步耗干了税收系统的能量，我们将在接下来的内容中讨论这些新近发生的变化。

智力财富

在当前新的经济形势下，有形资产创造的财富远小于知识和创意通过“杠杆效应”所创造的财富。美国的知识产权（无形资产）贸易顺差每年都会增长 250 亿美元。据美国商务部的统计，在 2000 年，美国在全球范围内收取的特许使用费达到了 370 亿美元。美国的旅游业和赌博产业排在了美国所有收入来源的前两位。由于我们还不能确立一个合理的能充分反映无形资产在经济生活中日益重要的角色征税方法，所以，我们只能耗费更多的能量去维持原有的税收系统。

大量的个人财富

美国人在 2005—2052 年这个时间段之间进行的财富转移总量有可能达到 400 亿美元。美国的联邦不动产税每年都上升 280 亿美元，让那些慈善团体、不动产规划服务商以及会计师大发横财。现在，人们都强烈地希望取消这种税收。由于个人财富的急剧增加，很多有钱人甚至愿意购买价值上千万美元的公寓。对首席执行官的违约赔偿金已经高达 9 位数。据美国政府的报道，很多跨国生活或工作的有钱人通过开设离岸金融账户来逃避税收的管制，在 2000 年以前，通过这样的方式逃税的总金额就达到了 70 亿美元～80 亿美元。地下（避税活动）经济正日益蓬勃，例如，在人才流失严重的加拿大，越来越多的反税收联盟使得该国的地下经济活动异常猖獗。欧洲经济将永远落后于美国，除非它削减其过高的边际税率、保证那些承担金融风险的人获得相应的报酬。

所有这些财富在我们的税收系统面前都将被耗尽。因为，在财富飞速增长的同时，大量的债务也随之而来。正如我们在 2002 年所看到的那样，公司股东遍布全球的现象，将给我们带来一个潜在的灾难性后果：全球市场有可能成为一个赌博场所。日本政府的债务在增加，美国的个人债务也是如此（边际债务在过去的 5 年内翻了 2 倍）。20 世纪的税收政策经常都是在鼓励负债，而这正是我们在 21 世纪需要认真面对的问题。

另一个困扰美国的问题就是，大学教育的学费正在逐渐上升。尽管也有人考虑过推广免费教育或便宜的网上教育，但都没有任何实质性的进展。年轻人在从学校毕业的时候甚至在迈进工作岗位之前，就已经背上了大量的债务。这些债务在效果上等同于一种税收，征税目的是为了要求年轻人向那些退休的老年人多做点贡献。这样的情况同样会分散（最初建立的）税收系统的能量，除非我们对此进行革新。

网络世界

在如何对网上销售的商品征收增值税这个问题上，欧洲浪费了太多的人力和物力。越来越多的公司无视税收制度的存在，通过离岸避税天堂来运作其网上交易，从而给欧洲的税收制度带来了潜在的威胁。因特网的出现，增加了全球范围内的犯罪活动，增加了世界经济的生产经营活动的逃税现象，并对全球的税制体系带来了危害。不管是针对合法的还是地下的非法经营活动，网络边界的缺乏都将使税收管辖的执行处于两难的境地。对于一个大型跨国企业来说，启动和维持全球范围内的所有分支机构以及监督、控制所有的交易情况都需要耗费该企业大量的支出，而谁应该为企业的这部分支出来支付税收呢？这个问题同样不是那么容易解决的。我们应该努力探索新的税收控制方法，而不应继续勉强维持那日益衰败的旧体制。

鼓励投资

欧洲明白，它必须削减税收以吸引投资，因为风险投资已经成为经济成功的关键所在。随着日本的市场变得更加透明，国外的风险资本正在流入日本，这其中包括很多提出了收购价格（意欲收购日本企业）的风险资本。印度正在简化其税收程序，以帮助企业远离那些繁琐的官方文件，同时，这也有助于企业避免腐败的“黑色收入”。风险资本在印度还将在税收方面享受某些优待。总之，印度所做的一切都是为了避免平均信息量现象的发生。

在 21 世纪，我们将看到，税收制度的根本目标有了一个重大的转变——从对财富的再分配转变为鼓励财富的创造。即使是德国的绿党也提倡通过削减企业税负的方式来刺激人们创业并保护小投资者。在鼓励财富创造的浪潮中，我们需要彻底改造全球税收系统的各个方面，部分原因在于，即使在一个不是如此复杂的经济社会中，我们也很难确定事物的起因和结果。例如，在美国，政府启用“房屋抵押利息扣除”来鼓励人们购置房屋产权；加拿大不扣除抵押利息，却有着和美国近似的房屋产权拥有率。很多税制都会产生一些事先无法预料的效果，比如，婚姻税的征收，就使得很多持传统价值观的（年长的）人选择了未婚同居的方式。

全球老年化

快速老年化的欧洲正面临着一场养老金危机。在西班牙的老年人口中，仅有 5%～15%的人拥有某种形式的私人退休储蓄。老年化问题迫使我们重新思考原有的税收政策。也许，我们应该鼓励那些到了退休年龄的人推迟退休的时间，而不是一味地加重年轻工作者的负担，同时，我们应该大力刺激经济的发展而不应使经济停滞不前（见本书第 10 章“人口状况”）。

刚才讨论的这些由各种因素所呈现在我们眼前的税收问题是史无前例的，这些问题覆盖了以下各个方面的内容：未注册的跨境资金流动、对期权的定价和再定价、如何对不可量化的资产及利益征税、如何保持生产力的提高、两代人之间的利益平衡。

显然，税收系统如果想摆脱平均信息量的束缚，就必须改革和创新。21 世纪里的新的经济和人口形势都迫使我们必须要对征税和纳税的方法进行彻底的改造。简单维护和修补原有的税制系统不仅无法解决长期的问题，反而会导致一些负面的效果。例如，现在很多人通过网上经商或选择离岸避税天堂的方式来逃税，而这样的逃税方式将使得全球的税收体系变得累人、非理性甚至让人难以理解，而执行过程中（向人们解释征税的理由并说服人们遵守这样的税收制度）耗费的成本也正在直线上升。我们不得不花费更多的能量来维持现有的税收系统，这就是为什么我们觉得现在是考虑推翻它们、再重建一套新体系的时候了。

案例 2：因特网

有些系统会在极短的时间内就处于混乱的状态中，因特网就是这方面一个典型的例子。因特网的核心能量（信息量）是如此惊人、如此巨大，以至于我们需要更多的能量来维持其有效性。这有点类似于这样的情况：当你问一个废话连篇的人“现在是几点钟”的时候，他却告诉你应该如何去造一部时钟。

因特网最终将会简化并促进商业交易，但现在，对很多人（即使不是所有人）来说，那还非常困难。电子商务、网上拍卖等活动都需要参与者对网络有很深的了解，而买车也需要了解很多网络在线知识。据美国扬科洛维奇调研公司在 1999 年所做的一项调查，很多人还无法顺利地完成网上的交易活动，因为他们显然无法找到所需的所有信息。

信息的数量是巨大的，它能够以几何级数的速度复制自己，并很快就将超过人类所能控制的范围。技术的进步则将进一步加速和激化这样的问题。

过去，有钱人通常都会有一位关键的仆人（**管家**）来为自己处理各种琐事，减轻自己的负担。显然，在即将到来的日子里，管家（不论是电子设备还是普通人类）将在帮助人们克服平均信息量现象的工作中发挥重要的作用。在 21 世纪，拥有一位可靠的、知识渊博的仆人（他明白，什么是最有利于你和你家庭的东西，他还能高效率地进行电子通信）等于拥有了一份宝贵的财富。

另外一个珍贵的仆人将是**航海家**——一个能帮你在信息的迷宫中指明道路的人。一个航海家所扮演的角色类似于默林在亚瑟王面前的角色一样，他能从各种可获得的信息中明智地挑选出那些最有利于国家和个人繁荣、兴旺的信息。

在芯片移植技术将人类带入下一个发展阶段前，管家、航海家以及其他那些**博学的媒介物**在人类的生活中将变得越来越重要。而在人类的下一个发展阶段，我们将不会花费如此多的能量来支撑原来那个被认为会降低我们输入能量的系统。

案例 3：过度兴奋上瘾

身处美国社会的我们，现在越来越出现“过度兴奋上瘾”的状况。令人惊讶的是，选择的增多，不仅没有促使人们去完成事业，反而使得人们感到**厌烦**。为了使人们对各种事物保持兴趣，更多能量的耗费将不可避免。刺激和危险的程度必须有所提升，而极限运动和所谓的冒险旅行正日益流行。美国儿童现在正经历着一种观察家称为“预定的极度活跃症”（scheduled hyperactivity），他们的玩耍时间是超负荷的，而且游戏中充满了竞争以及对胜利的追求。因此，同上一代人相比，在获得同样输出效果的前提下，现在的儿童耗费了更多的输入能量。

商业上也是如此：为了得到积极的效果，人们正以越来越快的速度耗费着越来越多的能量：

- 技术使得竞争越来越激烈，你必须更加努力来应对技术的进步；
- “企业家热”正在逐渐流行。在2000年，一项对法国学生的调查表明，12%的法国学生希望在毕业后尽快成立自己的公司；另外40%的学生则希望在某个合适的时间抛弃政府所提供的那些传统、安全、有保障的工作，转而自己当老板做生意；
- 快速行动、快速回报只是记分牌上的短暂变化，绝非长期的商业成功。每天，那些有竞争力的、高速发展的大企业中管理者们通过各种方式来寻求（工作中的）刺激或将自己置于那史无前例的兴奋感之中。而他们获得的兴奋感越多，他们就越需要更快地去寻求更多的刺激与兴奋。毫无疑问，人一旦对某种东西上了瘾，那么，他不仅依赖于那种刺激所带来的快感，而且，为了获得相同的快感，还必须不断提高刺激的程度——对于那些企业的管理者来说，不管是会议的形式还是商业策略都同样让他们为之上瘾。当然，这意味着，他们将不得不付出更多的精力，因为人总是需要更快地来维持其原有的兴奋程度。

教育、管理有类似“瘾”的年轻人正成为一个令人关注的问题。学生们总是容易怀疑、拒绝手边的任务；他们对技术有着很高的期望，而一旦不能立即达到他们的期望值，他们就会陷入失望之中。通过他们那些不成熟的举动，你就能发现，他们需要某种刺激。全球范围内的那些追求刺激的年轻人导演了很多技术恶作剧（比如，“我爱你”电脑病毒就是由一群菲律宾的年轻人于2000年在网上传播的）。传统的那些经典儿童故事已经变得缓慢、乏味。而在《哈利·波特》（*Harry Potter*）系列丛书中，故事的每一段都充满了魔法，蕴藏了令人意想不到的惊奇和丰富的想象力。交互式技术的发展使得年轻人能够持续不断地保持行动并改变结果。

在对刺激感的需求面前，传统沦为牺牲品。即使2/3的美国夫妇在婚前就开始了同居生活，婚礼和蜜月的安排对于他们来说仍然是重要的、独一无二的。生活方式取代日用品，成为夫妻结婚的最好礼物。《纽约时报》的专栏作家戴维·布鲁克斯（David Brooks）将某一类人称为“波希米亚的中产阶级”，这一类人现在在美国正逐渐增多。这种现象表明了这么一种矛盾：我们得到的东西越多，越觉得烦恼。即使是购物的时候，消费者也希望得到“体验”。那些打着品牌旗号的厂商不得不重新定位，将自己关注的重点从产品本身转向生活方式，使其能够更好地反映消费者的梦想和期望。随着能量的耗费持续上升，那些传统的经商之道将不得不投入更多的能量去维持其日益衰败的竞争地位。

复杂性和平均信息量

平均信息量意味着，系统和组织的效率会越来越低下，人们会发现，效率也越来越难以获得。平均信息量同样还意味着事物会更容易、更频繁地出现崩溃的现象。例如，大约60%的内嵌有电脑的“智能设备”（汽车、手机、录像机等等）都使用了非定制软件。根据软件工程机构的研究，在这类非定制软件的每一千行代码中，最多包含了15个漏洞。所以，那些智能设备偶尔会出现故障，因为软件公司总是花较少的能量去修正那些错误。进一步讲，软件公司也没有足够的能量（高水平的编程人员）在第一时间就把程序做到完美。

现在的机器设备能够在十亿分之一秒内完成数据处理工作，很快，这个时间还将缩短到千万亿分之一秒。但是人类需要更多的时间去处理这些信息。在当今世界，对很多人（如果不是大多数人）来说，时间成为一个越来越珍贵的东西。技术，本来意味着让我们的生活更加容易，但实际上，它经常起着相反的作用。例如，一部新手机的使用手册居然有156页之多（嘿，这只是部手机呀！）。有一种流行手表，它的使用手册有36页之多，但居然有数千块这样的手表被消费者要求退货，因为消费者完全搞不懂如何在这种手表上调整夏令时。这种“技术进步”将耗尽我们的能量，而且给我们的生活带来更多的麻烦而不是便利。因此，为了努力减少或消除平均信息量现象，我们不应该（或不能、将不会）把过多的精力浪费在掌握那些新设备上面。

急剧暴增的信息已经超越了整个教育系统的能量控制范围，教育系统已无法容纳如此多得信息。平均信息量现象在此表现为**技能差距**。年轻人在学校里学到的知识，与其在工作岗位上以及在这个社会和组织都日益复杂的世界里高效率工作所需要的技能之间，存在着巨大的差距，而这个差距还在不断地扩大。

当组织机构变得成熟起来的时候，会发生什么样的事情呢？会滋生官僚主义。原有的管理人员会想方设法地利用公司资源来进行自我保护，以维持自己在组织中的地位。他们不仅拒绝任何人事变动，而且对各种变动心存敌意。在这个过程中，他们会变得越来越脆弱、不能胜任，甚至会走上犯罪的道路。我们最近在很多组织机构中——从罗马的天主教大教堂到美国联邦调查局，都发生了类似的情况。

如何识别以及如何抗衡平均信息量现象将成为一个能改变未来的重要因素。有一种情况被称为**“桂河大桥综合症”**，它意味着公司发展到一个特定的阶段，在该阶段中，公司的规章制度比客户和职员都还重要（在很多金融服务公司中正是如此）。这样的情况同样发生在当人们更多地考虑如何去维持原有的传统而不愿接受创新、进步、舒适和福利的时候。企业家主义的流行和竞争的日益激烈使得以前的旧系统沦为牺牲品，而那些没有被平均信息量破坏的新系统则成为了胜利者。

“为什么？”可能是你对平均信息量最有用的回击。每次，当你在工作中或面对那些常规惯例时，你总是自动选择了服从、遵守。“为什么？”为什么我这样做？它今天到底是什么目的？有没有更好的解决办法？有必要完成所有这些事吗？

从平均信息量的思维陷阱中跳出来不是件容易的事情，因为，你必须不时地思考和提问（可能你当时并不想去思考或提问）。你还必须做到以下几点：

- 抛弃那些“不可更改的教条”，一切重新开始。作家必须面对的一种情况是，他有时候会删除并重写某些章节。那些章节不仅与全书的主题格格不入，而且还会浪费作者不必要的精力；
- 更加明智地挑起争斗。当你争斗、抱怨太多的时候，你的观点中所蕴含的力量就会随之削弱。所以，你必须专注于真正重要的方面，并坚持下去；
- 不要惧怕实验，尤其是对一些不太重要的事情。年轻人更善于使用新技术，因为他们不怎么读使用手册。在学习新事物的过程中，他们不怕失败一次或两次。而年长一些的人即使是对鸡毛蒜皮的小事也想一次就做好，因为他们害怕失败。结果，他们通常都在那些不重要的事情上浪费了太多的能量；

- 在政治上要更加明智、积极、精明。在位的那些政客们总是依靠平均信息量来维护其效率低下的行为不受到别人的挑战；
- 不能把成功的希望仅仅寄托在别人的出色发挥上。有一些观念并不适合于你的组织机构的发展，勉强维持这样的观念，会比一开始就复制一个全新的组织耗费更多的能量。通常，你最好要了解自己的真实实力，然后再进行相应的革新。最终，开创一套对你和你的客户都有利的系统将为你节约不少能量；如果你总是去仿效别人的成功、幻想着别人能帮你，那结果一定是得不偿失；
- 不要总是想着让所有的机会和挑战都与原来的框架相适应，那样做的结果只会浪费更多的能量。正确的选择是拓展、转换或替换原来的框架。

第 8 章　正直带来质量

在整个 20 世纪 80 年代以及 90 年代早期，全面质量管理（Total Quality Management，TQM）是商界的宠物石或者呼啦圈。绝大多数的大公司（以及其他非商业性的组织机构）都表示出了对质量的强烈渴望，它们总是不惜一切手段以登上质量的“珠穆朗玛峰”。这种强烈的愿望不仅使很多咨询师从中赚到了大量财富，而且让很多专门撰写“质量管理”方面的书作者也赚个盆满钵满。各类奖项［比如美国国会在 1987 年设立的马尔科姆·鲍德里奇国家质量奖（Malcolm Baldrige Award)］也毫不吝啬地将赞美赋予了那些在质量方面获得巨大成功的企业。在通用电气（GE）的前任 CEO 杰克·韦尔奇（Jack Welch）将六西格玛（Six Sigma）质量管理策略引入公司后，六西格玛立刻在商界流行起来。今天，“全面质量管理”主要就是以六西格玛之类的质量管理策略为基础。

不幸的是，正如我们在前面的章节中所指出的那样，平均信息量经常会掌控整个过程。很多仅仅靠模仿别人的策略、公式来促进质量发展的公司，只会浪费自己的能量，而不可能提高自己的竞争地位。

这就是为什么“全面质量管理”会有一个内在的思维陷阱：质量管理从本质上来说只是一种简单的数量统计方式，因为你总是在尽力地将错误和缺陷的数量降到最小值；质量只是产品或服务本身的问题，跟员工或顾客没有太大的关系。“全面质量管理”能让你的产品变得更好些，但它并不一定能使整个企业的本质特性（比如，员工的士气、顾客满意度、道德规范以及公司的福利等等）变得更优异。美国科内尔酒店管理学院（Cornell University School of Hotel Administration）的教授托尼·西蒙斯（Tony Simons）于 2002 年在《哈佛商业评论》上发表了一篇文章。在那篇文章中，西蒙斯教授向人们揭示了那种（将质量管理视为）过于简单的数量统计方法是如何失败的。在 20 世纪 80 年代早期，很多公司都狂热地追逐一种名为“质量循环”（Quality Circles）的质量管理程序。事实上，在世界 500 强的企业中，尽管有 90%的企业都采用了那种程序，但其中 80%的公司在 5 年之内就已将其抛弃。

质量不仅是数据统计方面的问题，它更是一个道德问题。在当今的环境下，你也许不可能完全决定企业的任何行为，但你能决定自身的价值观。你的价值观必须以**正直**为基础——对所有的利益相关者（尤其是员工）要尊敬、诚实、坦率、公平。如果**正直真实地存在于企业之中，那好的质量自然也就存在，**因为质量是正直的副产品。企业只要有了正直，就无需浪费任何多余的能量，因而能成功避开平均信息量现象。西蒙斯教授的研究表明，正直的公司最终很可能成为产量更高、效益更好的成功者。

在对质量的狂热追逐中，我们愿意免费提供一个只有 30 秒的“全面质量管理”程序（这似乎有点不大可能）。这是一个非常简单的程序，它包含了 3 个有关真实质量的例子。我们引用以下 3 句名言来分别表现这 3 个例子：

- 哈佛商学院的埃默里特斯·特德·莱维特（Emeritus Ted Levitt）教授曾经写过这么一句话：“任何企业的目的都是争取并留住客户。”
- Beechnut 儿童食品公司的研发部主管杰尔姆·里卡里（Jerome LiCari）在公司爆出“伪劣苹果汁”的丑闻之前就离开了那家公司。但被问及他离职的原因时，他说到：“我认为苹果汁应该从苹果中提炼而来。”
- 耶稣在《黄金律》中所说的内容在这样一条黄金法则面前得到了很好的诠释：“你希望别人怎样对你，你就得怎样对待别人。”

严肃地讲，以上述原理为基础的质量管理程序将有效地使公司在产品、服务及其与客户、职员及股东的关系等各个方面的质量得到提高。对于任何公司来说（无论公司只有 3 名员工还是有 3 万名员工，也不论公司只有 3 个客户还是有 3 000 万个客户），这都是永恒不变的真理。

案例 1：争取并留住客户

当几乎所有人（从 CEO 到咨询师）都在鼓吹“服务信条”的时候，一种“顾客隔离政策”（customer apartheid）似乎正在兴起。据统计分析，根据不同消费者的潜在消费能力，商家们将顾客分为了不同的种类。购买力强的顾客会得到更多、更好的服务，而其他消费能力较弱的顾客则只能得到较少的服务，有些人甚至还得为商家提供的服务付费。

有些咨询师非常鼓励这种趋势。他们主张，商家应该同他们的高级客户建立持久的关系。他们还提倡通过搜集数据的方法来区分不同的顾客。这意味着，他们将顾客视为一种“具有生产能力”或“不具有生产能力”的资产。那些“不具有生产能力”的顾客对商家来说是不可触摸的群体，是多余的、不值得鼓励的。

这种发展趋势的根源在于，在非社会主义国家中的很多地方，人们的价值观发生了深远的变化。出生于 20 世纪 50 年代和 60 年代的这一代人，是在“平等主义”的熏陶下成长起来的。他们坚信，每个人都应该有平等的发展机会，社会应该是一个公平竞争的场所。但是，正如法律学者罗纳德·德沃金（Ronald Dworkin）所指出的那样，现在，甚至是左翼团体都已经脱离了“平等主义”。在美国，有这样一种假设：所有人都是对社会有贡献的成员。正是基于这种假设，民主管理不断推动着美国福利制度的改革。

这种价值观的改变很快就在商家对消费者的看法上体现出来。服务通常被看做一种可以控制的成本，是一项以获得最大回报为目的的投资。所以，很多公司将其呼叫中心设在国外，或通过高科技手段将大量的服务工作转移到消费者自己身上。电脑的出现，不仅减少了企业工人的数量，还使得很多从前由工人完成的工作也转移到了消费者那一边。我们都有过这样的经历（这在现在是非常常见的）：当你通过电话向商家下订单（或者电话投诉）的时候，电话里通常都会传出一长串的语音选项，你必须辛苦仔细地听完那些冗长的内容。而当你所需要的产品不在那些电子语音的选项中时，整个购买过程将会更加耗时、更加累人。

你必须为自己的电话设定程序、连接自己的电子通讯系统，或是到大商店里去花上半个小时以寻求帮助。

几年前，杰出的民意测验家丹尼尔·扬克洛维奇（Daniel Yankelovich）曾和我们有过一次私人谈话。丹尼尔发现，美国的消费者以前得不到市场信息，在购买过程中是消极被动的，而现在，他们能获得大量信息，在购买过程中也显得非常自信。在这个转变的过程中，消费者变得更加圆滑、老练。因此，我们很容易预测出这样的事实：由于我们逐步意识到我们现在替商家做了更多的工作，我们必然会要求更多的回报。或者，我们会决定摆脱现在的这种地位，让那些企业来为我们服务而不是让我们服务自己。对于商家来说，你不可能在使顾客费力工作（自己给自己提供服务）的同时还指望能永远地留住他们，除非顾客们能从你这儿得到他们真正想要的东西（而且还不能从其他地方获得）。只专注于数量统计方面的质量根本没有把上述因素考虑在内。

尽管大多数公司已经重视质量好多年了，营销部和客户服务部仍然是两个不同的职能部门。的确，这两个部门看上去似乎没有任何关联，我们甚至可以将它们分别置于两个不同的公司。大错特错！为了确保公司有一个更高效率的未来，营销和客户服务应该是紧密相连的一个整体，且应该归属同一个部门。客户服务应该更名为**售后**。正如营销的目的是为了**获取**顾客；售后的目的就是为了**留住**顾客。这同样是（也必须是）营销功能的一部分。

企业总是说，希望我们成为它的客户，但我们每个人都有一些不愉快的经历。

布朗（Brown）就是我们当中的一员，他是一些大型金融机构的长期客户。因为他年龄大且单身，所以，如果他去世或是丧失了自理能力，这些金融机构可能不会按时履行其服务。为了将这种影响的程度降到最低并避免不必要的争吵，布朗决定签写一份委任书。但他发现，他不能指望只填写一张表格就搞定所有的事情。每家金融机构都只接受各自的表格形式。

他填写了所有的表格，并找公证人对其进行核实之后递交了表格。一段时间后，他收到了其中一家公司（Fidelity 公司）的来信，还附带有另一种格式的委任书。Fidelity 公司在信中告诉布朗，他之前递交的表格已经不再有效，他必须重新填写一份委任书并尽快递交给该公司。顺便提一下，两种委任书的不同之处其实根本就不明显。

布朗拨通了 Fidelity 公司的客户服务热线。面对他的抱怨，一位声音甜美的年轻人告诉他，公司将接受其第一次填写的表格。故事结束了吗？不！2 周后，另一封来自 Fidelity 公司的信件被送到了布朗的手中，同时送来的还有一封后一种格式的委任书。Fidelity 公司在信中再一次要求布朗递交新版本的委任书。于是，布朗又一次拨通了 Fidelity 公司的客户服务热线，并且再次同那位声音甜美的年轻人通了话。然而，这一次，那位年轻人却告诉他，公司只接受新版本的委任书，第一种格式已经不再有效。

布朗要求同 Fidelity 公司的主管对话。主管仍然告诉他，他必须提交新版本的委任书。于是，布朗说到，他已经填写了 Fidelity 公司给他的一份表格，并且不打算为了满足一些莫名其妙的官僚主义要求而填写第二份表格。他还说到，Fidelity 公司要么接受他第一次填写的那份表格，要么就关闭自己的账户并退还所有的资金。

如果你是 Fidelity 公司，面对客户这样的需求，你应该怎么做？如果你理解了莱维特教授所提出的基本原理，你又会怎样做？最终，Fidelity 公司关闭了布朗的账户。

对每一个经商的人来说，获取并留住顾客是工作的重中之重。落入“管理质量”的陷阱将不会对留住顾客有任何的帮助，而留住顾客才能确保公司有一个成功的未来。

案例 2：苹果汁应该从苹果中提炼而来

信任是社会和企业的粘合剂。没有信任，什么事都不可能办成。即使是在像我们这样高度法治化的国家中，我们每天所经历的各种交易也必须建立在信任的基础之上。

很多调查显示，当今社会越来越缺乏信任。这一点在很多方面（包括偏执狂在内）都得到了体现，尤其是在年轻人当中更为普遍。在当今的流行文化中，这种缺乏信任的现象也越来越明显。年轻人似乎更愿意相信别人是有阴谋的。也许他们认为，只有这样，才能在这个复杂的、混乱的、非理性的世界里找到一点理智的、一致性的感觉。我们通常将那些处于成熟期的年轻人称为“奥利弗·斯通（Oliver Stone）的一代”，因为斯通的电影里充满了各种各样的阴谋。

在认识到信任是多么重要后，一些企业及个人试图恢复别人对自己的信任感。他们专注于强化自己的品牌名称——投入更多的资源来证明，他们对质量的承诺是绝对可信的。可以预见的是，如果企业的产品和服务的质量不够好，消费者对该企业的忠诚度就会降低，并且会更愿意投向别的产品和服务提供商。但是，正如我们先前所说的那样，只重视产品质量而不能理解消费者的行为和期望的做法是一个充满诱惑力的陷阱，它只会将公司带入麻烦的深渊之中。

Nordstrom 连锁百货公司公布了这么一条政策：在本公司购买产品的消费者可以在任何时候无条件的退货。L. L. Bean 公司甚至在更长的时间段内都一直采取这样的策略。在这两个例子中，企业都是在用相同的方式告诉消费者，它们的产品是货真价实的，是经得起最终质量检验的。它们有效地向消费者传递了这样一层含义：它们不是在维护自己的产品，而是在维护顾客的利益。如果顾客认为那不是真正的苹果汁，那么，商店的回答就是：“如果您认为它不是苹果汁，那它就不是。”质量的定义远不是数据统计所能衡量的，它代表的是公司最根本的正直。

案例 3：你希望别人怎样对你，你就得怎样对待别人

正直和信任是公司与员工保持良好关系的关键所在。公司在进行质量控制、结构重组、缩减规模以及其他各种适应性的措施时，经常忽视这些措施对员工精神上的影响。结果，在现在的企业中，恶意与信任的缺乏随处可见。社会契约看上去正在破裂。

当前正发生的很多事，都是在毁坏（而不是在创造）信任。在生意场上，很多被揭露了的事实都严重侵蚀了公司与其员工的关系——员工不能同老板分享企业增长的利润；公司用招聘合同工或外包人员的方式来减少与员工之间的相互责任；很多企业采用“买并烧”（buy and burn）的方式来剥削员工，这种现象在高科技企业中尤其明显；还有一些“虚拟”公司，根本没有任何与员工面对面交流，更谈不上建立信

任了。

在大多数企业里，技术的进步以及员工工作时间的不断延长，使得工作世界里产生了两种截然不同的**价值观**：一种价值观是**猛冲猛打**。持这种价值观的企业通常工作节奏很快、投机赚取快钱并且利润在短期内增长迅猛。但这样的公司不能容忍多样化、其员工士气不高、在长期内缺乏创造力、资金周转过快且公司存活的时间较短；另一种价值观则是**管家**。持这种价值观的企业更加关注自身与市场的长期关系、重视自己在社区里扮演的角色并寻求良好的、适度的回报率。将来，这两种商业模式都将存在，你也会看到自己的企业是属于其中的哪一种。

尽管**猛冲猛打**型的公司过去曾经在质量方面达到了一定的水准，但在将来，它们将很难继续保持高质量。因为产品及服务的质量毕竟要靠员工来实现，只有那些拥有**正直**感的公司才能成为将来的赢家。企业的人力资源策略应该更多地致力于建立新的、可信的社会契约，以此建立一种以相互的正直感（诚实、公正、坦率以及公平）为基础的新型社会关系。这些品质是无法用数字来计量的，它们并不遵从任何质量管理理论，但却会为企业将来的成功建立起更为坚实的基础。

不论是对企业还是个人来说，质量都意味着持续的、不断增加的责任感。雇佣员工为其工作的企业，应该具有管家的责任感，要对员工当前及以后的福利负责。企业应该平等对待所有的利益相关者——关于这方面的话题已经讨论了好多年。但在过去，企业仅仅是停留在观念上，并没有付诸于实际行动。看上去，21 世纪是到了企业从观念到实践转变的时候了。最终的结果一定是，我们会用新的指标去衡量企业是否在各个方面都做到了正直、优秀，而传统那些衡量质量的方法在新的指标面前将成为次要的标准。

表面上的社会责任并非真正的“正直”

现在被广泛接受的一个观点就是：企业应该向公众汇报其在环保方面所作的贡献——当然，那是值得表扬的。10 年前，世界前 250 大的企业中几乎没有一家这样做过，但现在，超过 35%的（前 250 位）大企业都会汇报其环保工作。

道德和责任正逐步形成一种趋势。发生在2001年和2002年的几起重大的商业丑闻没有创造出这种趋势，但却加速了这种趋势的形成。我们一直以来都希望以正直为主导的道德规范能成为21世纪价值观的主要部分，现在看来，这样的现象正在大规模的出现。在接下来的10年间，如果你想留住顾客但只专注于产品本身的质量，那么，你的企业将不可能长久地在市场上存活下去。2002年，据《华尔街日报》的报道，辩护律师们发现，陪审团的成员对企业的高级管理人员持更加怀疑的态度，不仅如此，他们还对企业的道德规范充满了冷嘲热讽。

尽管如此，我们必须注意到，商业丑闻的结果使得有一件事情变得更加明显：**你只有把事情做正确了，才能算作是在做好事**。据账目显示，安然公司（Enron）是追求企业公民身份的实践，它的做法很值得其他企业学习、借鉴。安然公司支持民间艺术的发展，并且还慷慨地帮助社区居民满足其紧迫的社会需求。如果不考虑商业丑闻给它带来的灾难，安然公司在其他方面的行为很可能成为企业社会责任的理论与实践方面的新观点。的确，有证据表明，提供好的服务比慈善事业更能决定一家企业的声誉。

实际上，声誉（在本书第14章“购物与橄榄球比赛”中，我们使用了一个橄榄球赛的比喻。而声誉是第三档进攻）不是件简单的东西。它是个微妙的、复杂的、有时候还很令人困惑的东西。今天的大众人群比以前持更加怀疑的态度，且能得到的信息也更多。他们看待企业的方法不能简单地用一种尺度来衡量，比如只关注产品的质量或只看重企业的社会责任。

也许是因为出于善意的社会责任感并不总是能得到他人的认同，于是，批评之音又再次出现。经济合作与发展组织（Organization for Economic Cooperation and Development，OECD）的前任首席经济学家戴维·亨德森（David Henderson）认为，企业的社会责任是弊大于利，它使得企业成本和产品价格上升，而利润却减少了。这种观点与很多20世纪70年代和80年代的保守派经济学家的说法相似，只不过是换成了另一个版本而已。前一种版本的观点主要是基于意识形态，而新版本的观点则更具实效，因此也更具说服力。

当公众被商家所发出的大量广告信息狂轰滥炸的时候，有些人的内心是很矛盾的。人们做出的决定是以其想要去相信的东西为基础的。人们对企业的批评不绝于耳，结果是，公众对企业管理的好感随之下降。对于企业来说，相信好事迹一定会带来好声誉是一个严重的错误。

实际上，“企业社会责任”这个词语以及它那种**贵族阶级**的淡淡芳香，也许都应该被丢掉。**企业的公民身份**可能会是一个更好的概念。作为公民，我们所有人都必须履行公共责任，不是为了盈利，而是为了社区的凝聚力和环境的改善。从纳税、为陪审团服务到在自家草坪上割草和约束自家小狗，所有这些事项都属于公共责任的范围。企业必须意识到，他们同样也有公民责任，这样的观念远远超过了企业社会责任这个词所指的公共关系和公共行为。

公司必须首先明确，它们在市场上和工作场所中所面临的真正问题是什么。这样有助于公司营造一种良好的环境，在那样的环境中，企业的公民身份会因为它的本质是质量的中枢而被欣赏，而不会被认为是一种企业自我服务或粉饰门面的手段。

当前苏联崩溃瓦解的时候，资本主义的地位被提高了。但从一开始，就有反作用力存在于其中（趋势/反趋势）。在 20 世纪的繁荣时期，企业能从所有的收入人群中赚到利润。资本主义以及在股东利益方面毫无拘束的管理，都被当作是具有社会责任的，因为它们通过各种方式将财富在全球范围内蔓延，而这也成了全世界嫉妒产生的根源。由于身处垄断地位且提供的质量达不到标准，微软公司遭遇了反托拉斯诉讼。这是一个明显的标志：企业家和公司高管总是胜利者的黄金年代已经过去，他们接下来将面临一段更艰苦的岁月。

管家与正直

管家或者长期对社区、环境以及利益相关者团体给予高度关注的行为将持续的发展和演变下去，对于无可匹敌的资本主义来说，它将是一股强大的反击力量。这种道德规范很可能在美国成为主流。而当“婴儿潮”时期出生的一代人在 2011 年前后退休的时候，这种现象可能会演变到最高峰。那个时候，那些在“婴儿潮”时期出生的人将会开始留意他们留给世界的遗产。尽管 6 年看上去似乎是一段挺长的时间，但实际上并不长。考虑到账本底线以及股票价格波动对企业造成的短期压力，公司、机构或专业组织都应该用较长的时间来慢慢地发展、巩固其在世人眼中的管家形象。任何单一的举动（即使是声势浩大的行为）都只会被看做是市场手段。只有长期、稳定地发展管家道德规范才能使公司或专业组织在公众及监管者心里留下良好的印象。而也只有坚持以这样的方式进行长期的投资，才能保证真正的质量。

几年前，我们当中的一个人是某所商学院研究生部的助理讲师，教授商业和社会学。他的所有学生都是在职工作的人，不仅聪明，而且体面。但是，当他们在做这样的一个练习：当公司因为错误的、非法的或者不道德的行为而导致其面临很多潜在问题的时候，他们应该怎么办的时候，他们的回答几乎毫无异议的都是如何保护公司及其管理层。在之后对他们的调查表明，基于他们的工作经验，他们都相信，那样的方法（保护公司及其管理层）将使他们更快地获得成功。换句话说，如果想要获得成功，就必须将自己的道德观念暂时抛在一边。

那时，我们认为（现在，我们仍旧这样认为），那是对商界中的主流价值观的无情控诉。之后发生的事件表明，那些忽视正直在质量中重要性的公司，最终都遭到了失败。

企业的管理者必须明白，如果希望公司能在未来获取好的质量，除非企业以正直为开端并让正直成为所有行为的基础，否则，企业永远不会成功。从来没有（永远也不会有）一种特效的理论、系统或流程能使企业在缺乏正直的情况下仍然获得持久的高质量。

重视质量不见得会让你变得正直，但保持正直却非常有可能让你获得好的质量。

第III篇

跳出陷阱看大图

现在，你已经开始克服某些限制你思维的偏见了。你的眼光过去总是集中在某些特定的事物上，而现在，你应该把眼光放远一点，看看事物背后的大图，这对我们跳出思维陷阱来说非常重要。社会学课程通常不重视数学，但社会事件和社会趋势却常常符合数学概念。

大数定理（Law of Larger Number）描述的是这样一个常数：它总是处在不重要的位置，因此常常被忽略，但再怎么夸大其重要性都不为过。如果一个社会中只有100个人，那么社会控制将是一件简单的事情；若社会中有100万人，那控制就会变得困难许多；在继续将社会上的人数扩展到50亿或60亿，你会发现，几乎不可能完全阻止犯罪、变态行为以及恐怖主义等事件的发生。

评估社会、政治和经济的趋势都离不开人口因素。例如，如果不考虑人口数量、人口迁移以及与之相关的经济因素对环境中的其他事物的影响，根本不可能找到解决环境问题的方法。

有人曾经这样说过，人类社会根本就没有问题，只有左右为难的窘境。问题能够被解决，而我们对窘境最好的期待就是希望它不要变得更糟糕。这也许是因为我们在寻求解决窘境的办法时想的太“小”了。**最小公分母**为我们在对付明显的窘境方面提供了一种更大的方法，这样的方法能更好地将窘境转变成可解决的问题。

第 9 章 大数定理

2002 年，《纽约时报》周末杂志上的一篇名为“The Odds of That”的文章引起了轰动。文章的作者利萨·贝尔金（Lisa Belkin）认为，人们总是在寻求一些可能根本就不存在的阴谋或超自然的巧合。她还在文章中提到了斯坦福大学的统计学家波西·迪亚科尼斯（Persi Diaconis），这位统计学家曾经指出，考虑到美国有 2.9 亿人口的现实，概率为 1/1 000 000 的枪击事件每天就会有 290 次发生的可能。贝尔金的文章导致我们在接到国外的朋友或同事打来的电话时总是会问：“这难道不是你已经说过好多遍的事情吗？”

是的，我们的确已经说过好多遍了，但我们并没有发觉。无论是贝尔金还是迪亚科尼斯，他们也都没有发觉。大数定理已经存在很长时间了，我们在高中的时候就学它，你也同样如此。但当大家离开学校以后，几乎没有人意识到这条基本的数学原理在现实事件中的重要性。

大数定理的定义如下：

> 某种试验（在单独进行的情况下）成功的概率为 p，我们现在反复地进行 n 次独立的试验（概率均为 p），假设成功次数占试验次数的百分比与 p 之间的差额为 e 且满足 e>0，那么，当试验次数 n 趋于无穷大的时候，e 的值将趋于 0。

这条定理可以这样来解释：试验的次数越多，成功的概率就越接近于某个固定的统计结果。例如，如果你玩掷硬币的游戏，结果是“人头”那一面的概率是 50%，并且每次投掷的结果都是如此（概率

50%)。如果你掷 10 次，可能的结果是 3 次“人头”，7 次是另一面；若掷 100 次，可能是“人头”60 次，另一面 40 次；但要是你掷到1 000 次，你的结果很可能非常接近两面各是 500 次。

通过对大数定理进行保守地推导，我们仍然可以得出这样的结论：试验的次数越多，事件（不管是统计事件还是随机事件）发生的概率就越大。所以，如果你有 1 个核反应堆，那么，它在 1 年内发生核事故的可能性要远远低于 100 个核反应堆在 25 年里发生事故的可能性。

案例 1：关键的数量优势

还能从大数定理中得出另一个可以接受的结论：样本容量越大，就越有可能建立起关键的数量优势。让我们用 1%的人口来举例说明。如果在 1 个由 100 人组成的小组中有 1 个人有暴力倾向，那么，另外的 99 个人肯定能控制住他；保持同样的比例，在 1 个拥有 1 000 人的小组中，10 个人有暴力倾向，那另外的 990 个人也许只能控制住那 10 个人中的 9 个；再将小组的人数增加到 1 000 000，那正常的999 000个人只能控制 9 000 个有暴力倾向的人，而余下的那 1 000 个暴徒则将成功地去进行破坏活动。现在，也没必要再告诉你如果小组的人口增加到数十亿会是什么样的情景了。一旦坏人的数量达到足够多，他们彼此之间的邪恶力量就会互相增强，并超过了固定比例（10%）所表示的力量对比。换句话说，尽管坏人百分比仍然维持不变（始终是 10%），但大量坏人聚集在一起，使得他们之间的力量得到成倍的增长。

作家霍华德·莱因古德（Howard Rheingold）将那些在音乐会上使用高科技通讯设备进行团体演奏的人（不管他们之间是否相互认识）称为**一群聪明的乌合之众**。通过将不相关的人联系起来，彼此之间互相传递信息、计划和立场，很多国家都在实证调查方面取得了很大的成功。将分散在不同地区的抗议者集中到一个网络体系里，不仅能大大提高抗议者的数量，而且也增强了其行动的能力。莱因古德还比较了这种变化在当今和以前（当人们第一次住进村庄并成立单一民族的国家时）的不同之处。大数定理告诉我们，当抗议者以当今的方式聚集在一起时，抗议行动发生的概率会更大。

鲍勃·梅特卡夫（Bob Metcalf）是以太网的发明者，同时也是 3Com 公司的创始人。他将大数定理融进了自己提出的“梅特卡夫定律”——网络的价值随着联网人数的增多而增加。还有一条定律被称为“传真效应”，它认为，尽管传真机已经存在了好几十年，但只有当足够多的人拥有并使用传真机的时候，我们才能将收发传真视为一件理所当然的事情。若 10 个与你通信的对象中有 9 个不使用传真机，那你自己空有一台传真机又有什么用呢？但是，如果 3/4 的通信对象都使用传真机，那收发传真就成为一种生活方式。

所有这些都与**关键的数量优势**有关。就如同各种效应的集合（包括传真效应、梅特卡夫定律等）所表现的那样，一旦你把数量提升到了具有关键优势的地步，任何事件的概率都将上升。

案例 2：同伴压力

社会行为和组织行为一直以来都被认为是学习和文化熏陶的结果，但实际上，它们也受到数学定律与物理定律的支配。例如，结合了物理学精华的大数定理就揭示了我们所知道的同伴压力的起源。

无论我们谈论的是分子、金融数据或是鸟群，当只有一种因素对其起作用时，它们会表现出单一的行为；但如果受到多种其他因素的影响，那么，所有的行为就会累加到一起（即使这意味着要远远离开初始地点）。美国宾夕法尼亚州州立大学（Pennsylvania State University）的杰安斯·巴纳瓦（Jayanth Vanavar）和他的同事们用了一个简易的扩散模型来说明这种现象。巴纳瓦用了这样一个比喻：在任意一次行走中，每一步的方向都是带有偶然性的，这样的话，尽管一群人可能是在同一地点开始行走，但经过一段时间之后，他们行走的方向可能是均匀分散在各个不同方向上的。现在，把一个关键的变量（**漂移**）加入到上述的“分散方程式”里，结果也会随之改变。在这个例子中，漂移意味着，人们更愿意跟着别人的方向行走。如果漂移足够强，那么，它将通过越来越强大的集中趋势来克服分散。统计学上将这种分散模式被称为

重尾，因为人、颗粒、数据或动物的集合在行为结束时都可能与最初的情形大不相同。在民意调查中，这被称为**晕轮效应**——当某一两个关键问题的答案感染了其他类似的问题时，所有答案就会因互相影响而联系起来，最后的结果与每次只问一个问题所得到的答案会有较大的出入。在政治上，这种情形被称为**追随强者**，它描述的是这么一种情况：在某位政治候选人确立了关键的优势以后，他（或她）就有能力吸引更多民众的支持。这同样也是马尔科姆·格拉德维尔（Malcolm Galdwell）在其畅销书《颠覆性的观点：小东西如何能有大不同》（*The Tipping Points*：*How Little Things Can Make a Big Difference*）中所持观点的症结所在。

波士顿大学（Boston University）的物理学家尤金·斯特普利（Eugene Stanley）在他的工作中发现了同样的**重尾分布**。他认为，鸟类数量、国家的经济生产力以及股票价格都遵循着这个分布。巴纳瓦认为，集中的趋势（就是我们在社会系统中所熟悉的同伴压力）能够帮助我们从根本上理解任何事物——从蚂蚁和细菌的行为到人们买卖股票或捐助慈善事业（因为同伴们都在那样做）。参与的人数越多，对结果造成的不可避免的影响也就越大。

社会学家邓肯·沃茨（Duncan Watts）是《6个人的小世界：互联时代的科学》（*Six Degrees*：*The Science of a Connected Age*）一书的作者。他认为，一种产品的成功能够靠信息的级联来推动。为什么越来越多的人都会去买那种产品呢？因为他们见到别人都在买（这种观念也被称为**蜂群效应**）。显然，购买某种商品的人数越多，就越有可能导致更多的人来购买这种产品。正如沃茨和其他人所指出的那样，这是因为数量足够多就能够提高（可观察的、甚至是可预测的）群体行为发生的可能性。

案例3：钟形曲线

另一个与大数定理有关的工具就是钟形曲线原理。钟形曲线原理又被称为正态分布模式，从图形上看，它两端很窄，而中间部分则很庞大。钟形曲线可以用来对任何事物（可以是人口、数据或事件）总体的分布进行分类。由于只能获得数量有限的样本，因此，我们得到的正态分布图可能并不是一条很平滑的曲线。但是，样本的数量越多，你得到的图形就越接近于钟形曲线。

假设现在有 5 个人，其中 1 个很矮，3 个很高，另 1 个的身高则处于中等水平。现在，你可以让他们按从高到低的顺序排成一条直线。如果让你画出他们的身高分布曲线，你将得到如图 9—1 所示的图形。

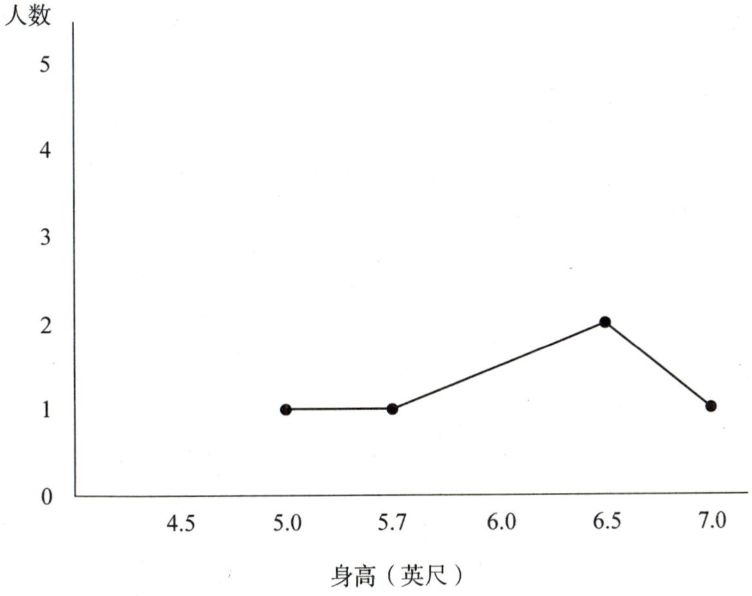

图 9—1

但是如果现在从同一个社会中（因为不同社会的人身高会不一样，有的社会的人身高较高，另一些社会的人则身高较低）任意挑选出 1 000 个人，你会发现，有的人很矮，部分人有一点矮，还有的稍微比平均身高低一点点，当然，也有部分人刚好处于平均水平上，而某些人比平均身高稍微高一点点，剩下的人就是身高比较高和最高的一类人。如图 9—2 所示，他们的身高分布曲线将非常接近于钟形曲线。

所以，大数定理说明，你拥有的样本数量越多，得到的分布图形就越接近于正态分布的钟形曲线。钟形曲线是非常重要的，它有助于我们

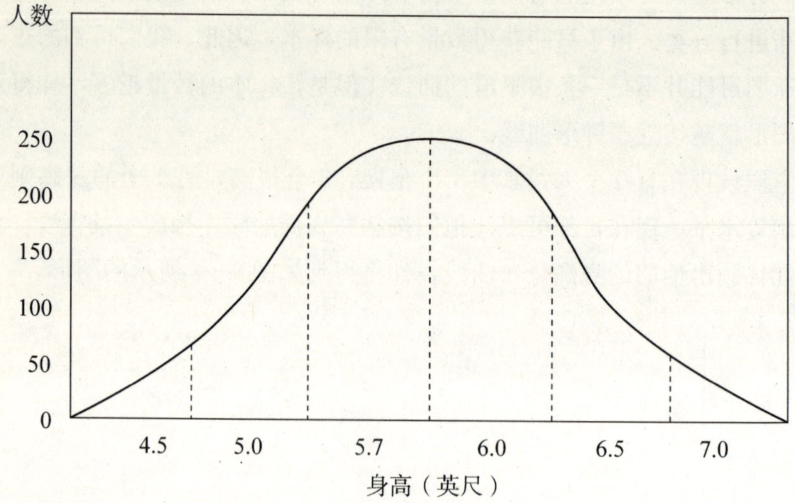

图 9—2

更好地理解社会变革的力量，因为（正如我们在本书第 4 章“两极端赋予中间部分更多信息”中所讨论的那样），钟形曲线的两个极端使得其中间部分更加突出。这样，我们就能够在一定程度的确定性和可能性基础上做出某些预测，比如，我们可以预测某些（在现在看来似乎）行为不正常的人群在未来成为主流趋势的可能性。再举个例子，现在，离婚率已经接近 50%，如果你把离婚者和从未结婚的人以及丧偶的人（假设其还能活在世上的日子至少占其寿命的 1/3）归为一类，你会发现，只与一位伴侣保持终生的婚姻关系是一种另类的生活方式。长期、持续的婚姻关系不是生活方式的主流，所以，这种生活方式必将向钟形曲线的两个极端部分移动，而大部分的（其他生活方式的）人群将极大地填满整个钟形曲线的中间部分。

到底怎样的情况在前方等着我们？

未来，我们可能会看到越来越多的同性恋家庭、多民族家庭、未婚妈妈、未婚同居的老年人、信仰非主流宗教的部长大臣以及另类医学的开创者（等事件和人物）成为社会的主流。大数定理告诉我们，一旦某件事物达到了关键的数量优势，那么，它就将吸引更多的人。这也意味着，曾经处于极端部分的事物，在将来很有可能向中间部分（常态）移动。

上述结论是非常重要的，它能够帮助我们理解很多现象（缝隙市场、政治事件的发展轨迹、工人对职场的各种不满、企业的盗窃、破坏行为——总而言之，所有你想知道的事情以及在这个巨大的、互联的、多元化的世界里可能遭遇的一切现象）背后所蕴藏的道理。这就是为什么恐怖主义现象总是不会消失（当然，英雄主义也不会）的原因。同样，对于缝隙市场来说，尽管它在现有的总体市场份额上可能只占很少的比例，但是，精明的商人会从中看到巨大的市场机会，这是因为，在一个较大的总体中，数量比百分比更加重要。这也是为什么奢侈品市场现在能吸引那么多人的原因。在所有人口当中，富裕人群只占很小的一部分。但是在拥有 2.9 亿人口的美国，即使是占很小的百分比的人口数量，折算下来的数字还是很大的——这的确是很大的一块奢侈品市场。很多其他行业的商人也被这一块市场的价值所吸引。这同样也是为什么人力资源主管和保险公司会面临这样的压力：他们必须试着去接受而不是拒绝那些在以前看来是不可理喻的事情。

与奢侈品市场形成鲜明对照的是农村的大量贫困人口——过去被商家所忽略的人群。实际情况是，世界上的穷人的数量远远多于富人。通过向农村的贫穷消费者们提供肥皂、其他产品以及选择品牌和价值的机会（就像为富人和中产阶级的人所作的那样），印度斯坦利华公司（Hindustan Lever）已经在农村人群中建立了很强的品牌忠诚度。良好的产品质量以及尊重消费者的态度，是斯坦利华公司成功建立品牌忠诚度的另一个因素。公司估计，到 2010 年为止，其 50%的销售额将来自于发展中国家。正如斯坦利华公司所发现的那样，尽管每个穷人的购买额不大，但穷人的数量却是巨大的，因此，大量穷人的购买行为会大大增加公司的销售额和利润。

金钱以及被人尊敬的地位是每个人都难以抗拒的。当某个边缘产业通过数量（在可接受的范围内）的大幅增加而成为一个颇具吸引力的市场时，它就走在了正确发展的道路上。结果是，它将变得越来越有影响力。杂志界、金融产品业、消费品行业以及广告业都开始关注同性恋人群。这样的情形同样会对政治产生影响，正如同性恋人群曾经做的那样，他们使社会更加关注艾滋病病毒，并成功地使政府对医疗研究基金进行了重新分配。有些政客把这件事（政府对医疗研究基金进行了重新分配）当作一堂生动的教学课程，于是，他们利用因特网的杠杆作用来向政府施加政治压力，从而使自己的事业赢得公众的吸引及支持。尽管支持其事业的人数占总人口的百分比可能很小，但由于其绝对数量够多，其力量已经足以影响政府的公共政策了。

大数定理是一个简单的、基本的数学原理。你只要能记住它，就不会对未来的趋势和事件感到那么惊讶；而当你使用它的时候，它能够解放你的思维，并为你的职业生涯及私人生活创造良机。

第10章 人口状况

2002年，《经济学家》杂志发表了一篇关于人口统计学方面的文章。文章引用了哲学家奥古斯特（Auguste）伯爵的一句话："人口决定命运。"人口的确是决定未来趋势及趋势发展方向的关键因素。例如，根据你早些时候从本书读到的内容，现在的世界人口正在朝着从未有过的老龄化程度发展。在2002年，全球有6亿人的年龄超过了60岁，每个月新增100万人跨入60岁的行列，而且据预测，在2050年之前，全球年龄在60岁以上的人口将超过20亿。由于当前的人口出生率位于更替水平以下，人类历史上第一次出现了老年人数量多过年轻人的现象。

这不可避免地会导致很多严重的后果。公共的、私人的退休计划都将被扭曲，而且退休这个问题本身也得重新思考一下。很多老龄化国家的儿童发现，由于他们没有亲兄弟姐妹或堂兄表妹，与他们关系最为亲密的亲人就是自己的父母。单一文化背景的社会不得不接受更多移民者不断涌入的现象。这些难以避免的现象将带来社会和政治的剧变、将使人们对产品和市场产生从未有过的需求、也必将带来很多能创造大量机会和挑战的革新。

案例1：人口状况与伊斯兰教

在"9·11"恐怖主义事件发生以后，人们发表了大量口头或是书面的评论来分析这件事情发生的原因。人们提到的原因有很多：从"对宗教的过度崇拜"到"美国的中东政策"，从"文化冲突"到"贫困问题”，从“缺乏经济发展机会”到“美国的帝国主义专制”，所有的这一切都能对“9·11事件”的发生（至少能部分地）做出合理的解释。但我们却并没有再三考虑“人口状况”这个原因——实际上，在所有可能的因素中，它也许是“9·11事件”最重要的驱动力量。

人类学家莱昂内尔·泰戈（Lionel Tiger）和罗宾·福克斯（Robin Fox）在1971年创作出了一本名为《动物帝国》（*The Imperial Animal*）的划时代著作。在书中，泰戈和福克斯认为，对于任何社会系统来说，其中心问题就是：我们应怎样对待年轻的男性？这个令很多人日思夜想的问题是非常中肯的，尤其是在我们看待“穆斯林国家与西方国家之间充满了恐惧、敌意、怀疑、不信任、憎恨的关系”这个热点话题的时候。

首先，人类学研究以及你自己的观察都会告诉你，在所有物种中，年轻的雄性物种自然而然地具有更强的竞争性、侵略性、领地占有欲以及暴力倾向。雄性荷尔蒙激素在它们体内肆意涌动，使它们拥有了狂热的能量。而在人类历史上，所有社会都在尽力控制并引导年轻男性的狂野力量，使那些力量能去服务于社会而不是毁灭社会。

带着这种思想，我们来看看穆斯林国家（尤其是阿拉伯国家）的人口状况同西方国家的对比。在2002年，埃及人口年龄在25岁以下的有54%；在沙特阿拉伯，这个比例达到了60%；而在阿富汗，这个比例是61.8%。另一方面，在美国，年龄在25岁以下的人口占总人口的比例是35%，日本是26.5%，英国和加拿大则都是32%。

根据美国人口统计局（U.S. Census Bureau）的统计，美国人口年龄的中数在2000年是36，在2015年将上升到38，在2030年则将上升至39；在西方的欧洲国家，人口年龄的中数在2015年将达到43，在2030年则将上升至45。

而在巴基斯坦这个穆斯林国家，人口年龄的中数在2015年才刚到24，在2030年也才仅仅29。

22个阿拉伯国家现在共有2.8亿人口，同美国当前的人口总量非常接近。尽管如此，两者的人口状况却有一个很大的差别：阿拉伯国家的2.8亿人口中，有超过1/3的人年龄在16岁以下。据估计，阿拉伯国家的人口在2020年之前将达到4.6亿。沙特阿拉伯的生育率（平均每个妇女所生孩子的数量）是6.1，阿富汗是6.9，巴基斯坦是5.5。

让我们将以上数据同西方国家的情况来进行一下比较吧。大部分的发达国家正在经历着**生育低谷**。意大利的人口生育率是1.2，而人口替代率是2.1；西班牙、希腊、捷克、挪威、俄罗斯以及其他欧洲国家的生育率和意大利一样低。这意味着，这些国家的人口数量将减少。今天，世界上有46个国家（其人口总和占到了全球人口总数的45%）的人口出生率低于人口替代率。因此，人口减少的现象在这些国家会非常显著。这些国家中不仅包含了欧洲国家，还有很多其他国家，比如日本、伊朗、斯里兰卡以及朝鲜等。如果这种情况得不到改善，意大利的人口数量在2010年以前就将缩减到800万；德国的人口则将在2010年的时候减少85%；而到2050年为止，日本的人口将减少14%，其年龄中数将达49；俄罗斯的人口在2050年之前会减少1/3。在所有主要西方工业化国家中，只有美国的人口会保持增长。这是因为，尽管我们的出生率稍微比2.1的人口替代率低一点点，但我们国家的外来移民很多，那将使我们从中受益。例如，移居美国的拉美人数量增长极快，其出生率几乎达到了3.0。但我们的人口增长率仍然无法同阿拉伯国家相比。

这一切意味着什么呢？下面列举了一些需要考虑的其他因素：

- 穆斯林国家有更多年轻人接受大学教育；
- 穆斯林国家的经济增长速度落后于其人口增长，这意味着更多的年轻人（包括受过大学教育的年轻人）将缺少职业发展的机会；
- 通讯能力以及信息技术的发展，使那些激进的意识形态在伊斯兰国家快速地蔓延。不够狂热、火爆的品牌在伊斯兰国家根本不会有竞争力，因为年轻人更加愿意体验那种“冰火两重天”的刺激感。这种现象不只存在于伊斯兰国家，现在的美国年轻人也越来越被那些场面狂野的宗教表达仪式所吸引。

2002年7月，一组阿拉伯学者在联合国开发计划（United Nations Development Program）的赞助下，对阿拉伯国家进行了充分的研究，并发布了一项令阿拉伯世界沮丧的研究报告。这篇名为《2002年阿拉伯人类发展报告》（*Arab Human Development Report* 2002）的文章毫不留情地指出，阿拉伯国家迫切地需要经济发展和政治自由。参与调查的阿拉伯青年男性似乎对未来不抱任何希望，他们当中几乎 50%的人都表达了移民的愿望，其中大部分人都想移民到北美或欧洲。正如一位评论家所说的那样，这份报告清楚地向世人展示了这 22 个阿拉伯国家的青年人的情绪是多么得消沉。

也许最可怕的事情当属我们从巴基斯坦人的绝望中看到的情形。在人类的整个历史过程中，战争的威慑作用使得每一位母亲都不愿意自己的儿子在战火中牺牲。早些年（并非很久以前），正是由于俄罗斯的数位母亲的坚决抵制，前苏联才终止了其在阿富汗的战争。但是，某些巴基斯坦的母亲却赞成并鼓励自己的儿子（甚至女儿）去成为烈士。如果这种思想蔓延到了伊斯兰世界的其他地方，（考虑到我们刚才所列举的那些背景因素）那后果将不堪设想。

总之，如果不把人口因素的重要性考虑进去，任何关于未来恐怖主义动向的分析都将是无用的。

案例 2：为什么年轻人的数量如此至关重要？

福利制度的改革同样会对将来产生深远的影响。在考虑这方面的观点时，让我们再次回到这个问题："我们应怎样对待年轻的男性？"国家总是在利用年轻人的力量来为其军事战争服务，随着现代化战争的科技含量越来越高，观察家们怀疑，把子弹推上枪膛所带来的精神上的刺激，能否满足当代年轻人狂野的暴力欲望？就此而论，那些对视频和电脑游戏中的暴力画面大加批评的人可能忽略了一个重要的事实：那些虚拟的暴力情景有效地取代了很多真正的暴力活动。

年轻男性那种带有明显侵略性、竞争性的本能，有可能通过其对女性的性别歧视或性骚扰的方式表现出来。企业必须对这种可能性保持高度的警惕。过去发生在华尔街的很多事情都表明，实际情况会变得非常严重，尤其是在一些有男性传统的公司内部。

很多企业都发现，团队合作的一大困难就在于（至少部分在于），年轻的男性有着强烈的获胜以及被视为胜利者的欲望。团队合作的方法对企业来说是有一定价值的，但对于那些有着强烈竞争欲望的年轻男性来说，团队的方法却不一定总能让他们展现出最佳的实力。

一个让所有组织机构都高度关注的问题就是“公共教育的财政预算问题所带来的影响”——尤其是课外活动（比如，田径训练）经费的取消，大大减少了年轻男子在体育活动中培养团队意识的好机会。而年轻人如果没有了团队意识，就会恶化职场矛盾、提高社会为防止犯罪和破坏行为（比如电脑黑客和网络行窃等）所耗费的成本。看起来，企业从它们所获得的财务支持中拨出一部分来发展那些被忽略了的课外活动，似乎并非一件不划算的事情。

很多年长的人认为，年轻人参与宗教活动，对自己、对社会都是有正面意义的，尽管如此，正如我们刚才指出的那样，年轻人对宗教的那种狂热与激情往往会演变成一些过于激进的思想，而那必将引发更为严重的文化冲突。

案例3：亚洲的人口状况

中国和日本之间有着复杂的、不断变化的关系。首先，让我们看一些最基本的人口统计数据。中国的人口数量在2002年的时候是12.8亿，估计在2020年之前会达到14.5亿；日本在2002年时的人口数量是1.27亿，在2020年将会变为1.22亿。问题的关键是，日本的人口数量很可能会下降，而且还伴随着老龄化问题的加剧，所有这些都预示着，日本未来会有很多潜在的社会问题。由日本人寿保险机构（Japanese Institute of Life Insurance）在2004年做的一项调查研究表明，越来越多的日本人选择了推迟结婚或不结婚的生活方式。在最近的20年间，日本有54%的妇女单身，而20年前这个比例只有31%。在35岁～54岁之间的单身妇女中，将近一半的妇女没有任何结婚的打算。日本人口年龄的中数在2000年的时候是38.6，这个数字在全球所有发达国家中是最高的。而到了2020年，这个数字更是会变为惊人的45.1。

另一方面，中国的人口年龄中数在2000年的时候是29.9，2020年将达到37.1。

2002年，尽管之前已经经历了10年的经济衰退，日本仍然是世界上第二大的经济体，仅仅落后于美国；而任何人都知道，中国排名第三。日本的经济混乱、停滞了10多年，而在此期间，中国经济则飞速向前发展。中国与日本有着明显的竞争关系，且这种竞争有愈演愈烈的趋势。

中国是否会继续保持增长和繁荣？它是否会取代日本成为远东地区的经济主宰？日本是否会就此沦为平庸？它是否会被迫屈服于中国的经济、政治及军事力量？显然，人口状况将极大地影响最终结果。如此多的公司争先恐后地到中国来开展业务证明了人口状况是多么重要。

案例4：外来移民

较发达的北方国家和欠发达的南方国家之间的人口比例不平衡（年轻人VS老年人）导致了另一个有关人口状况的因素——外来移民。大量对经济状况感到绝望的年轻人会寻求去北方发展，这种迁移（像很多蚂蚁大军的迁徙那样）非常残酷。他们要么去北方奋斗，要么就饿死。尽管很多（如果不是全部的话）发达国家都尽力限制外来移民，但没有哪个国家能成功地阻止他们的到来。的确，某些观察家认为，如果对外来移民的控制过于有效的话，将导致全球范围内的暴力事件剧增。

显然，北方国家需要的工人数量超过了本国的人口。但没有哪个国家（即使是像加拿大和美国那样实行相对自由的移民政策的国家）希望外来移民在国内呈泛滥之势。我们强烈地需要一些既能缓解外来移民的消极影响、又能推动贫困国家经济发展的政策。在这个问题上，企业能够起到部分的作用，因为企业可以为发展中国家创造更多的就业机会并能提高当地的总体收入水平。

还有一些其他的因素也有助于我们应对这个令人进退两难的问题（外来移民）：

环境问题（比如，由于雨水的缺乏以及耕地的过度开采，导致越来越多的地区出现了沙漠化问题）同样造成了大量难民的出现。全球至少有2 500万人由于环境问题而不得不背井离乡（也许比战争和军事镇压所造成的难民还多），另外还有约9亿人生活在环境恶劣的边缘地区。缺乏饮用水或者洪水的泛滥，都可能成为将来社会矛盾冲突的潜在原因，也许还会导致更大规模的难民潮。

另一个因素便是食物问题。尽管很多国家都对全球的食物供给持乐观的态度（主要是因为科学技术的进步），但还是有很多方面的原因让我们不得不对可能到来的“食物危机”保持高度的关注。

城市化也代表了一个因素。现在，世界上超过一半以上的人都居住在城市中，这样的现象在人类历史上还是第一次出现。大量的人群涌向第三世界国家的城市，给那里人民的健康状况带来了极大的威胁。很多城市成为传播疾病的媒介，这造成了很多难以控制的局面（和代价），并且那些疾病还在不断地向发达国家蔓延。

很多潜在的政治、经济和社会矛盾使得移民问题成为一个看上去难以解决的问题。显然，我们必须尽力把握那些潜在的矛盾，如果失败，我们不仅会面临很多后果更严重、代价更昂贵的问题，还将会产生强烈的排外情绪。

案例 5：老龄化

让我们靠得更近一点，来看看有关老龄化方面的问题以及它们将如何深入地影响我们的未来。正如我们先前提到的那样，到 2050 年为止，全球达到并超过 60 岁的人将会有 20 亿。到那个时候，全球 59 岁以上的人的数量将超过 16 岁以下的人，这在人类历史上也将是第一次。到 2050 年，1/5 的老年人将达到并超过 80 岁，而潜在支撑率由年龄在 15 岁～64 岁之间的人口总数比年龄在 65 岁及其以上者的数量则将从 2000 年的 9 下降到 4。

由这些人口状况引发的经济问题是如此之多，以至于我们无法对其逐一进行研究。社会应该怎样做，才能满足如此多的老年人在经济和医疗保健方面的要求呢？很多国家（比如欧洲国家）对老年人非常慷慨，但如果没有巨大的经济和社会变革，这些国家很难长久地维持对老年人群的这种慷慨做法。

世界的老龄化问题甚至会影响到欧盟与美国之间的商业竞争。据《经济学家》的估计，到 2050 年为止，欧洲的人口数量将从现在的 4.5 亿下降到约 3.6 亿；而美国的人数则将从当前的 2.9 亿上升到 4 亿～

5.5亿。据人口普查局的推算，美国人口年龄的中数将在2030年达到39的峰值，然后在2050年重新下降到38；而那时，欧洲的人口年龄中数到那时则将达到52.7。以上数据所暗示的经济、社会和政治问题将令人惊愕：欧洲的养老金负担像一只巨大无比的锚，将严重阻碍欧洲经济这条大船的前进。

很多年老的人将不得不重新回到工作岗位，从社会经济的消耗者转变为经济的贡献者。我们还必须找到一些方法来补偿（或限制）耗费在医疗保健方面的过多资源，因此，来自欠发达国家的移民就显得更加必要。

我们在1993年曾写过一本名为《办公室生物学》（*Office Biology*）的书。该书探究了这样一个现象：愈加老龄化的劳动力将需要不同的工作地点。例如，随着年龄的增大，人们的视力会越来越差，因为人眼的晶状体会变得越来越浑浊，使得眼睛的感光系统更容易出问题。60岁人看清楚物体所需要的光亮约是20岁人的3倍，这使得司机的夜间驾驶成为汽车公司和保险公司都必须高度关注的问题。随着年龄的例如晶状体、角膜以及眼中的液体分泌物都会受到影响，导致人眼分辨阴影和颜色的能力逐渐减弱。例如，年老的人会更难以区分蓝色和绿色。

听力同样也会下降。随着岁月的流逝，耳朵将逐渐失去其分辨较高频率（尤其是那些每秒钟完成1 000次的循环，即频率为1千赫兹）声音的功能。人类发出的声音覆盖的频谱范围大约在100赫兹～8 000赫兹之间。随着年龄的增长，人接受该频谱范围内的声音频率的能力就开始逐渐衰退（需要在这里指出的是，男性开始遭遇这种可察觉到的听力衰退平均比女性要早6年左右。对于老年人来说，妇女和儿童说话的声音更难听清，因为她们声音的频率更高）。我们必须清醒地意识到，一个40岁的中年人所拥有的正确分辨声音频谱范围内的声音的能力，要比其在20岁时的能力下降了5%。但没有人愿意承认，坐在会议室中的自己有任何听力方面的障碍。

逐渐变老的办公室职员，如同正在衰老的运动员一样，应付压力和负担的能力正慢慢地衰退。他们更容易受伤，而且恢复速度也更慢。人类环境改造学的出现，就是为了设计出既能减少受伤，又能让员工觉得舒适的工作环境。但人类环境改造学在将来仍然会对不同年龄的人产生偏见：哪种工作环境才是最适合年老的员工的呢？怎样的工作环境才能减少员工产生肌肉劳损以及肌肉骨骼症状（比如，肌腱炎、腕管综合症、韧带发炎等）的机会？人类环境改造学在产品设计中是必不可少的工具，因此，它自身必须要考虑到颜色和噪音对老年工作者的不同影响。

我们也不能忘记更年期——数百万的（出生在“婴儿潮”时期的）妇女正在进入更年期。很多妇女在这段时间都产生了身体虚弱的症状，而那些症状也严重影响了她们的工作。不仅如此，这块独特的市场（更年期的妇女）必将推动制药研究的发展，尤其是在有专家于2002年指出“过去一直使用的荷尔蒙替代疗法对妇女的潜在伤害比益处更大”（尽管这个说法一直都饱受争议）之后。

老龄化现象还会使房屋的样式在将来受到深远的影响。美国在20世纪出现的大量老年人向南迁移的现象将不会持续，可能出现的情况是，很多退休的人将选择继续呆在现有的地方生活。这种情况所导致的现象被很多老年医学专家称之为“遍及国家发生的退休团体”（National Occurring Retirement Communities，NORCs)：很多大型公寓（比如，建在纽约城的“Co-op City”）被修建起来；郊区也会增加很多生活服务设施（比如，高级医疗服务、家庭保健、教育规划等等)。当前，约有11%的老年人居住在疗养院或是有辅助设施的居住环境中。到2030年，美国的老年人数量将超过6 000万，照料、护理这些老年人所耗费的高昂成本将给整个国家带来巨大的压力。

如果企业能充分理解老年人需要并正确处理老龄化问题带来的各种影响，那么它将因为消费者对其的感激之情而从中获利。把刻度盘上面的数字以及用户手册上的字体印得更大、更清楚一些，对年轻的、年老的消费者来说都更好；把餐厅的灯光弄得更明亮一些，或者在灯光较暗的时候为顾客递上一把小手电，都将使更多的消费者成为回头客。

年龄及其重要性

最重要的是，我们将不得不通过一些与老年人相关的东西来看清他们。随着人们健康条件的改善以及寿命的持续延长，“人过65岁就成无用之人”的想法是非常荒谬的。

现在的老年人比以往任何时候都更加健康（而且在很多情况下更加富有），他们有更多的工作和生活经历、热切地希望能保持活力并且活得更长久。但他们在维护自己的重要性时会遭遇很多困难。

虽然现在的市场认为老年人比以前更有吸引力、更有活力，但他们（商家）通常还是把老年人归为闲暇、退休的一类人，这使得日常生活中的很多商业活动都与老年人毫不相关。在这样的情况下，老年人会觉得：“自己是社会医疗服务系统的负担、自己还在同年轻人争抢有限的公共基金、自己的角色（故事演讲者，叙述自己的历史和经验）同这个直截了当、充满了紧迫感的时代格格不入。”在很多工作领域，他们都感到自己成了边缘人物，因为他们的技术已经过时或不能胜任了，而且，他们还认为自己（如果继续工作下去的话）抢占了（那些只有自己一半年龄的）年轻人的发展机会。当然，招募员工的考官也尽量在避开他们这些找工作的老年人。意义将不是他们的议题，但重要性却是。很多老年人可能会退一步，认为做一个爷爷（或奶奶）才是表现其重要性的基石。但大量的老人都没有孙子（或孙女），或者其孙子（或孙女）与他们本人并不是足够亲密，以至于他们也很难维持在这方面（照顾孙子）的重要性。

随着在“婴儿潮”时期出生的一代人（最健康、富有的一群人）正步入晚年，他们将要求市场给予其足够的尊重。商家们必须找到新的方式来满足老年人的市场需求。公司必须放弃以前的那些旧观念（认为老年人只会购买轻便鞋和轮椅），为老年人市场提供更多酷的、性感的、时尚的产品。

相反，汽车制造商必须考虑到，随着年龄的增长，老年人的身体将不再像以前那么灵活。所以，汽车制造商必须使生产的汽车能够让人们更方便、更容易地上下车，当然，还不能使汽车看起来像是为老年人专门设计的。汽车商从来也没有生产过更适合于老年人的车型，因为他们害怕会失去年轻的消费者。同时，年老的消费者购买了大量的高尔夫车，因为高尔夫车的特点就特别适合老年人。但这些高尔夫车没有一辆是由美国的大汽车制造商所生产的。由此可见，传统的汽车制造商们错过了一个很好的市场机会。因为很多老年人希望自己的驾驶工具既舒适、又性感，所以，他们选择了按自己的样式定制高尔夫车的做法。结果，他们的高尔夫车外型变得更加光彩耀眼，速度也变得更快。

当今的广告商都强烈地反对那些老套的陈词滥调，因为年轻人非常讨厌那些东西。但电视和印刷出版物上的广告仍然经常地提到老年人，认为他们是一群爱埋怨的、脾气古怪的人，整日无所事事，只知道传播流言、谈天说地或者探讨他们身上那些难以启齿的生理障碍。广告商们必须要意识到，大多数的老年人仍然是健康、积极、有活力的。

旅游和娱乐业同样能更多地满足老年人的需要。经营旅馆的人必须明白，老年人更喜欢住在离电梯较近的房间；经营饭店的老板必须意识到，噪音太大不利于老年人的听力，也不利于老年人之间的互相交谈；航空、铁路及航海公司都应该为老年人提供舒适的候机（或候车、候船）区域，还应该更加积极地实行让老年旅客享受折扣及优惠的政策，并安排更多迎合老年旅行者学习和探险需要的旅行计划。

医疗保健行业的企业将面临更大的压力，因为它们提供的产品和服务不能只针对疾病，还必须针对健康——这其中既包括了整形手术，也包括能控制或提升个人情绪的药物等。另外，保险公司也承受着更大的压力（所有这些医疗保健手段若出现问题，保险公司都得进行赔偿）。

公共部门会逐渐意识到，对它们来说，老年人将是一笔不小的财富，因为很多老年人都愿意去从事那些收入低下的公共服务工作。例如，现代军队之间更多的是进行技术、智力的较量而非以前的肉搏战，所以，你完全可以在 50 岁的时候从军，并在退休前为军队工作 20 年。在私人部门同样是如此。据估计，10 个在“婴儿潮”时期出生的人当中有 9 个都能活到 100 岁，因此，如果在他们才 50 岁或 60 岁的时候就被当作对社会无用之人，（除非我们能正确地解决这个问题，否则）那必将严重影响社会的正常功能。乔纳森・斯威夫特（Jonathan Swift）说过，每个人都希望自己的寿命更长，但谁都不想变老。他还认为，我们正面临着这样一个未来：我们的年龄在增长，但人却不会变老。那将是一个与我们过去所了解的世界完全不同的未来。

案例6："第Y代"人将移民国外

4个世纪以来，美国已经吸收了来自世界各地的移民及其文化，美国的历史也已经成为大量移民者的历史。在最近的150年间，美国不仅接受了大量被战火镇压的人民、探险者以及经济落后的贫困者，也吸收了世界上很多最聪明、最出色的天才。亚洲和欧洲的科学家们一直不停地涌向美国，使得美国的物理学60%的博士头衔、生命科学30%的博士头衔都被外国人摘走。在所有美国生物技术公司的创始人和CEO当中，有近1/4的人是出生在国外的。

现在，美国很有可能第一次经历大比例的本国人向外移民。出生于1978—1995年的"第Y代人"也许会成为美国历史上第一代大量（如果不是所有人）跨出国境线、去海外寻求美好生活的人。

"第X代人"经历了一段美国出生率较低的岁月，但紧接着的"第Y代人"则在数量上几乎与"婴儿潮"的那一代人相同，他们会在接下来的15年间持续奔向工作岗位并改变就业岗位占就业人数的比例。他们的大学学习生涯会令其欠下大笔的债务（当前，私立大学的毕业生平均欠债4万美元～7万美元，而公共大学的毕业生平均欠债约2万美元，而且学费还在不断地上涨）。由于这一代人（"第Y代人"）的数量是如此巨大，他们根本就不可能像"第X代人"那样容易地找到一份高薪的工作来支付房屋的抵押贷款。海外的情况是不同的。欧洲正大力鼓励外来移民，因为欧洲国家的劳动力数量正在衰减，而养老金的负担却在增大。到2025年，意大利将不得不增加400万人，才能达到其1995年时的"替代水平"；这个数字在德国将是1 400万，在法国是200万，而整个欧洲大陆需要增加的人数是3 500万。为了维持其在1995年时的"在职工人与退休人员之比"的水平，欧洲到2025年为止需要新增1.35亿人，而且它还必须与美国展开激烈的人才争夺战。现在，欧洲的信息技术工作岗位存在130万人才缺口。的确，将很多此类业务外包给印度等国家能部分地解决这个问题，但美国的年轻人显然也正在从这些人口减少的国家（欧洲国家）中发掘并利用某些更好的职业发展机会。

案例 7：美国成为南半球

美国人口状况的趋势显示，美国正越来越多地受到拉丁美洲人的影响。拉美人成为美国最大的少数民族人群，他们必将对美国的文化和政治产生更深远的影响。在诸如洛杉矶和休斯敦之类的城市，14 岁以下儿童中有半数以上来自拉美；2002 年，美国有超过一半以上的新生婴儿是拉美人。随着时间的推移，美国家庭和传统的纽带（以前非常欧洲化）正在更多地朝拉美化方向发展（甚至在某种程度上有点亚洲化）。也许，在美国人的生活结构中，欧洲化的成分将变得更加遥远且不再那么重要。

案例 8：全球中产阶级的萌芽

人口状况不只是指人口的数量，它同样还包括收入分布、教育水平和社会阶层等内容。

全球大量中产阶级的出现，也许是 21 世纪早期最具有革命性的社会推动力量。某些观察家预言，到 2015 年，全世界将有大约 20 亿的中产阶级人群出现。

这个数字看上去简直是大得令人难以置信，它会是真的吗？以中国现有的生活标准来衡量，中国现在已经有至少 1 亿人（甚至更多）成为中产阶级。以中国现在的这种经济发展势头来看，即使是保守的估计，中国到 2015 年也必将有 2 亿～3 亿人成为中产阶级。印度的中产阶级人数会与中国相当，甚至更多一点。拉美地区长久以来都呈现一种“少量上层和中产阶级，贫困人群占绝大多数”的情况，但现在，中产阶级人群的数量也正在快速地增多。到 2015 年，整个拉美地区也将有大约 2.5 亿～3 亿的中产阶级。再加上欧洲、北美、印度尼西亚、伊朗以及其他的发达国家和发展中国家，全球中产阶级的总量达到 20 亿并非天方夜谭。

我们必须牢牢记住，中产阶级的含义并不仅仅是指收入，也许更为重要的是，它意味着一系列新思想、新价值观的萌芽。这些价值观包括：对生活保持乐观的态度、崇尚自由、坚持唯物主义、为后代的幸福生活而努力奋斗、对事业充满抱负以及对教育高度重视等等。

因此，年轻人会更加有志向。在美国，“成为中产阶级的一员”是很多人的奋斗目标，因为那是一个人通向富裕生活的跳板。美国花费了100年的时间，才让这种观念（中产阶级是通往财富的跳板）深入人心。但在世界上其他地方，人们很快就接受这种观念而根本用不了那么长的时间，因为在我们当前所生活的这个时代中，任何事物都在不断地加速——就如同在一个离心机里面一般。

某些知识分子、左派或右派的激进分子以及一些精英人士已经（并且，现在仍然是）把嘲笑中产阶级当作了家常便饭。他们的这种“中产阶级恐惧症”忽略了这样一个现实：中产阶级正是推动资本主义和民主政治共同向前发展的引擎。中产阶级是经济能量和社会革新的源泉，同时还是民主主义的中流砥柱。古巴、朝鲜以及委内瑞拉之类的国家，却将中产阶级视为反动力量并对其进行严厉的打压和驱逐。这样的国家最终只能与经济发展擦肩而过。

如果你愿意的话，请仔细想想，这样的现象对全球经济发展意味着什么？中产阶级是一个贪婪的消费者，他想要房子、想要汽车、想要在舒适的地方工作；他想要家具、想要服装、想要享受饭店的服务；他想要获得金钱、知识、想要储蓄、想要投资；他还想要他的后代能拥有好的工作和生活。

汽车、房子（包括二手房在内）、时装、珠宝、食物、美酒、健身器材及各类自助课程等所有产品和服务，在未来都将有巨大的市场。未来的经济已经做好了准备迎接这场“需求风暴”的来临，并将以任何人都想象不到的方式兴旺繁荣。

随着全球中产阶级数量的爆炸性增长，对于我们传统概念中的那些奢侈品来说，其未来的市场也将比现在扩大若干倍。不仅如此，我们还将进一步改变“奢侈品”的定义（请看本书第11章“妥协VS最小公分母”）。

案例 9：女性

女性是否能胜任管理工作，尤其是进入企业的高级管理层？多年以来，美国商界一直在这个问题上存在着激烈的争论——不幸的是，这样的争论到现在仍在进行。2004 年，一些妇女将世界上最大的零售商沃尔玛（Wal-Mat）及华尔街最具声望的金融公司摩根士丹利（Morgan Stanley）告上法庭。在这两家企业中工作的女性员工声称，在提拔员工进入管理层的问题上，公司有严重的性别歧视。支持女性的人认为，公司内部的确存在着“玻璃天花板”现象，但男性管理者则声称，他们并没有任何对女性的歧视，女性难以进入管理层是因为她们不够胜任资格。

随着人口状况的演变，关于这方面的争论将变得毫无意义。在 2001—2002 学年，美国大学的入学新生中有 54％都是女性。将来，女性将不可避免地站在经济社会的顶端，因为大多数的公司经理都将是女性。

案例 10：针对儿童的市场

历史学家和社会学家已经把 20 世纪 60 年代贴上了“具有革命性意义的 10 年”的标签——事实也的确是如此。但是从某些方面来说，20 世纪 50 年代，也许更具革命性。正是在 20 世纪 50 年代，电视机开始根本性地改变了美国整个社会。电视机所做的一件重要的事情就是，它第一次把儿童作为市场营销的直接对象。在之前的年代中，儿童市场都是直接瞄准孩子的父母（儿童是间接的对象）。

儿童成为一块有潜力的市场。当某个年龄段的人群成为一块市场时，世界会发生些什么现象呢？首先，它们会拥有力量。我们必须意识到，它们拥有了某种力量。所以，在某种程度上，母亲会因为孩子学坏了而埋怨电视给儿童带来的负面影响。卓越的未来学家赫尔曼·卡恩（Herman Kahn）曾经认为，你不能养育一个已经会请律师来为自己进行辩护的孩子；同样，你也很难控制一个会花钱、会做市场决策的孩子。

对社会充满怀疑、玩世不恭以及讽刺挖苦等行为已经成为当代年轻人的典型特点（这种现象从“婴儿潮”那个时代的人开始就出现了），而人们也把矛头直指电视。孩子们往往要花上一段时间才能明白，父母告诉他们的有关“圣诞老人”和“牙齿”仙女的故事实际上是假的；但当他们看电视的时候，几乎立刻就能知道，电视上的那些大人们正在撒谎。在 20 世纪 50 年代，一家名为 Maypo 的谷物食品公司以儿童为直接目标，在电视上做了大量的广告。孩子们看到广告后都大声嚷嚷着要 Maypo，并一遍又一遍地重复着那句广告词：“我要我的 Maypo!”

当然，父母就买了 Maypo 的食品。但孩子却讨厌其味道。这是多么生动的一堂课！“这种现象的发生”同“越南战争在 20 世纪 60 年代的发生”简直就是一对相反的例证。

正如我们在本书第 9 章中首先提到的那个重要观点所指出的那样，大数定理将让我们明白，任何年龄段的人群，只要它形成了足够大的一块市场（即有足够多的消费者），那么，它将拥有以前从未有过的强大力量。

案例 11：人们将移居何处？

整个世界的人都在向城市和沿海地区迁移。城市化现象及其附带的很多负面影响（比如，贫困、疾病以及建筑物的蔓延等）已经被人们广泛且频繁地讨论过，而“人们向沿海地区迁移”的现象则以其自身特有的方式给我们带来了同样的麻烦。

当前，超过一半以上的美国人居住在沿海地区。据估计，到 2025 年，将会有 75%的美国人定居沿海地区。这促使我们必须从更多的方面去考虑：

- 生态系统的压力；
- 对土壤和海洋生物的保护；
- 住房成本的升高；
- 对旅游和交通的控制；
- 交通瓶颈；

- 全球气温升高的影响；
- 热带风暴（比如，飓风）所带来的毁灭性影响。

所有沿海地区都在变得越来越拥挤，而全球气温升高也在时时威胁着我们（海平面正在逐年升高）。除非我们现在就开始比以前更仔细地着手处理这些问题，否则，这些问题只会陷入永无休止的争论而不会有任何的解决方法。

关于人口状况的警示

在了解了所有这些信息后，你同样也明白，关于人口数量方面的长远预测经常都会出错。在很长一段时间内，任何变化或中断都将极大改变人口数量的增长或下降。多年以来，人口统计学家一直都预测，非洲会保持较高的人口增长率。但接下来，非洲大陆却出现了 3 个意料之外的（令人口增长率大大降低的）因素：艾滋病毒、出生率下降以及持续不断的野蛮战争。

在另一个例子中，人们都预测日本的人口数量将减少，这不仅是因为日本正在步入老龄化社会，还因为日本有强烈的排外情绪，从而不可能通过鼓励外来移民的方式来弥补国内人口的减少。但现在，很多迹象都发生了变化。2000 年，男女双方中有一人是外国人的夫妻在日本超过了 36 000 对。尽管以美国的标准来看这并不算多，但就日本自身的情况来看，这个数字已经是其 1970 年时的 6.5 倍。这意味着，现在的日本人已经不像以往那么排斥外来人口了。

对推断要保持警惕

几年以前，我们一位零售业的顾客还拥有一家更大的咨询公司，专门根据各种统计数据来预测未来 5 年可能发生的情况。在它所做的所有预测中，有一个是这样的：在可以预见的未来，世界上将会出现严重的工人短缺现象。这家咨询公司还说，员工短缺的现象在很多入门级的工作领域中将表现得尤为明显，而入门级的工作正是我们的顾客最感兴趣的。于是，我们找了 2 个原因来反驳那家咨询公司的观点：

- 它的观点是以“第 X 代”人的数量为基础的，但它没有充分考虑到“第 Y 代”人的出现以及“第 Y 代”的数量；
- 它的观点还建立在这样一个假设之上：美国经济始终处于持续上升的轨道。

他们的观点是错误的，因为那些咨询师总是根据当前的趋势来做直线式的推断。“第 Y 代”人有 7 100 万之多，是“婴儿潮”那代人之后数量最多的一代人（尽管他们占总人口的比例不及当时的“婴儿潮”那一代）。这家咨询公司的错误在于，它在计算中过多重视百分比而忽略了绝对数量的作用。

除了要警惕以上的那些推断以外，你还绝不能小看人口状况及其在改变未来世界中所发挥的重要作用。的确，除非你时时关注人口状况并把它作为一个重要的考虑因素，否则，任何关于未来的预测都将是无效的。这（关注并利用人口状况）是一个非常重要的打开思维的方法，它能帮助你把握未来的主线。

第11章　折中VS最小公分母

这是我们最喜欢的思维技巧之一，因为它揭穿了一个备受推崇的思维误区。当你遇见两人正在互相争吵的时候，你相信，最好的解决方法就是找一个折中的方式，让双方互相妥协。但现实情况往往是：你客观、诚实地找到的折中方式，却通常不是解决双方矛盾的最好办法。因为折中意味着负面结果的出现（我不得不放弃我的某些利益，因为对方同样也放弃了一些利益），或者结果被推向双方立场的中间——那样的结果恰恰是任意一方都无法接受的。因此，任何折中的解决方式都可能导致“双输”的局面出现。

例如，在市场竞争中，折中将是致命的。如果有两个细分市场，它们所需要的产品和服务是相互对立的，那么，对于某个市场商人来说，他一开始往往不会只专注于其中一个细分市场，而是会同时向这两个细分市场都提供产品和服务。然后，他将在竞争中看到，哪个细分市场的需求还没有得到很好的满足，于是，他便会努力去满足那个细分市场中的消费者需求，并由此而占据了更多的市场份额。

在政治上，折中的结果会导致双方情绪上的不满以及立场上的长期对立，因为双方都无法对折中的结果感到彻底满意；在企业与工人的谈判中，折中将导致双方反复修改劳动合同；在贸易或职业联盟等组织中，折中的做法会使很多会员感到不高兴，从而造成大量的会员流失；在地区冲突的问题上，折中只会导致永无休止的混乱和敌对局面。

所以，总想着在重大的事件中（甚至一些微不足道的小事中）找折中的办法来解决问题不是一个好的思维习惯。让我们来考虑一下这种情况：一对典型的英格兰郊区的夫妇想要粉刷一下他们的房子，丈夫想把房子粉刷成绿色，因为他喜欢绿色色调；妻子则希望房子被粉刷成黄色，因为她喜爱明亮的颜色。如果要他们用折中的方式来解决这个问题，他们只能把房子刷成黄绿色，即一半黄色，一半绿色。但是，任何生活在那个地区的正常人都不会做那样的事情，因为把房子刷成黄绿色不仅会让你自己的房产贬值，还会让邻居对你产生厌恶感。相反，他们应该去一家涂料店，然后在较短的时间内从数百种颜色样品中挑选出一种最适合的颜色。最终，他们可能会选择亮丽的陶色，因为那种颜色**既**包含了翠绿的成分，**又**不失亮色的特点，从而能较好地满足夫妻双方的要求。

在商界、政界以及你的个人生活中，你都会频繁地遭遇到在绿色与黄色之间进行选择的两难境地。有多少次，你希望靠黄绿色来侥幸成功?

有一个更好的办法能帮助你解决这个问题。当你第一次学习分数运算的时候，老师会要求你求出 1/5 与 1/7 相加所得的值。同时，老师会教你，除非你找到公分母 35，否则，你不可能算出答案。因为被平分为 5 份的东西和被平分为 7 份的东西之间不可能直接发生对话。但将分为 5 份和 7 份的东西都再次平均地分为 35 份，那接下来的事情就迎刃而解了。35 就是**最小公分母**。在你的整个学生生涯中，正确地计算最小公分母将让你顺利地通过数学考试。但现在，身处现实世界中的你由于过分地关注现实利益，从而忘记了曾经学过的数学原理。当你面对 1/5 和 1/7 的时候，你总是倾向于使用 1/6（5 和 7 的中间数字）来解决问题，然后，你总会在一段时间之后感到迷惑：为什么这样的方法总是会不可避免地失败?

在现实生活中，和处理数学问题一样，你必须首先关注分母，而不是分子。分子往往是人们谈论或要求的一些表面东西，而分母则是他们真正的需求和期望。再以那对粉刷房屋的夫妻为例，你能从那件事情中得到以下这个表达式：

他　　　　　　　　**她**

$$\frac{\text{我想把房子粉刷成绿色（分子）}}{\text{我喜欢绿色色调（分母）}}+\frac{\text{我想把房子粉刷成黄色（分子）}}{\text{我喜欢亮色（分母）}}=\text{X}\left(\text{解决方法}\right)$$

错误的方法（折中法）就是在这两个分母之间找到一个中间点（黄绿色），而正确的方法则是将两个分母相乘的方式（绿色×亮色）找出最小公分母，然后在此基础上找到与绿色及亮色两种风格都能很好地融合的“陶色”。

由于某些原因，最小公分母这个术语（最简单的理解就是，每一个部分都是均匀分配的）在大多数人的脑海里意味着最坏的折中结果。但实际情况远不是那样，它并非真的折中，而恰恰是你找到成功解决办法的最佳机会。

在任何事件中要找到公分母都需要有清晰的头脑。要想成功地找到公分母，你必须将注意力从那些表面现象中转移开去。但那会非常困难，因为我们总是倾向于将自己的眼光固定在那些显而易见的表面信息上。也许下面描述的这幅画面能较好地解释这个道理：

某人在夜里发现一个哭泣的小男孩正在街角寻找着什么东西。

“你有什么困难?”这个人问到。

“我弄丢了我的手表，”小男孩哭着回答。于是，这个人就帮着小男孩一起找。10 分钟以后，他再次问男孩：“你确定是在这儿弄丢手表的?”

“噢，不!”男孩回答道，“我是在过马路的时候弄丢的。”

“那我们为什么要在这儿找?”

“因为街灯在这儿。”

让这个小故事指引你去找寻公分母吧。不要只在有灯光的地方找东西，而要在手表真正遗失的地方去找。

案例1：员工的多元化

关于“最小公分母是如何起作用的”这个话题，职场多元化的现象就是一个很清楚的例子。当多元化的概念刚开始在企业中被提出的时候，企业关注的多元化还仅仅只是一些显而易见的方面：黑人和白人、男性和女性、青年和老人、少数民族和非少数民族等等。然而，我们真正想要的多元化应该具有以下的特点：它覆盖更广阔的知识领域，能为策略的制定提供更丰富的背景材料；它还在很大程度上代表了更多公众的观点。它和非歧视（或机会平等）的提法是不一样的：后者往往是迫于政治和社会压力而提出的，并且主要以控制人口数量为目的；而前者则更有利于企业进行成功的运作。

如果你沿着这种思路去重新审视多元化的真正意义，将导致完全不同的想法和行为。但那些想法和行为却是很多企业所不希望的，企业总是想要寻求一致性（就像一群融洽相处的人一样），所以它们会更加容忍那些“**看起来**不一样”的人，而不愿容忍那些“本质上不一样”的人。同一个传统的典型妇女相比，在公司工作的职业妇女将会在事业上获得更多的成功，但她同样也面临着很多的障碍。当透过表面现象更深入地研究事物的本质时，你将遭遇到真正的问题：**在事业进步和职位高升的过程中，你到达的层次、地位越高，你就越安于享受而不愿去竞争。**

对于那些处在社会、企业最上层的人来说，最令他们感到高兴的事情就是观点的统一，即所有人都持有同样的价值观。几十年来，反对妇女成为企业最高管理者的观点主要是基于这样一种假设：妇女都有强烈的“母亲情结”，而那会给她们的工作带来负面影响。但实际上，相当大比例的妇女为了事业上的成功，牺牲了自己做母亲的权利。所以，问题的关键并不是在于“母亲情结”，而是在于当你忽略了**其他人**的时候会发生些什么。毕竟，在位于企业最上层的人物中，很少有其他人，即少数民族的人、身材很矮小的人、女性、有生理缺陷的人以及（非常重要的一点）思维与同伴产差异很大的人。

接受或拒绝其他人是多元化问题的根本所在，一旦你认识到这一点，你就会明白，企业文化就是最小公分母。它是否拥护多种不同的思维和行为？如果答案是肯定的，那么，任何肤色、年龄、性别或信仰的人都能成为企业的合格员工（只要他们有充分的工作能力，并能对已有的人员形成良好的补充）。企业是否排斥其他可供选择的观点或行为？如果答案是肯定的，那么，公司首先会按照固有的规范标准来检验你的言行和思维，若是与企业的文化相符，那无论你的生理状况（年龄、肤色、性别等）如何，你都会被聘用。若企业只以员工的生理状况或外表来做决定（即用折中的方式来处理多元化困境），那最终只会导致憎恨、失败、搭配不当、财政困难以及糟糕的公共关系等问题。

现在，让我们来看看数学公式在那些以文化为基础的传统公司中是如何起作用的吧。

企业的管理层：

我们希望员工的人口分布状况更加平均

（分子）

我们不愿意改变现存的令我们满意的制度、环境

（分母）

员工：

尽管我们的生理状况和信仰有所不同，

但我们同样是公司的一部分

（分子）

我们不愿在糟糕的工作环境中上班

（分母）

要想把管理层的观点与员工的观点相加，你必须将两个分母相乘（“不改变现存的制度、环境”×“为员工提供好的工作条件”），从而得到最小公分母：只聘用那些符合本公司文化的员工。只有把这个最根本的问题解决了，你才能将注意力转向人口状况的平均分布问题，并考虑实现员工在种族、性别、年龄及民族划分等方面的多元化。

但是，在重视行为和思想多元化的公司中，这个数学公式又会以不

同的方式来运算。这类公司的例子如下：

企业的管理层：

$$\frac{\text{我们需要多元化的人员构成（分子）}}{\text{我们认为，不同的世界观以及不同的思维方式将是公司的巨大财富（分母）}}$$

员工：

$$\frac{\text{尽管我们的生理状况和信仰有所不同，但我们同样是公司的一部分，理应获得同等的尊重（分子）}}{\text{我们希望公司能容忍、倾听并采纳我们所提出的不同观点（分母）}}$$

企业解决这个多元化问题的方法仍然是将两种观点相加。为了完成加法，我们仍然要先将两个分母相乘（“多元化的观点对公司有益”×“我们有不同的观点”）。为了达到其多元化的目标，企业必须尽力消除公司内部一切可能的障碍，以促成思维、表达及策略的多元化。于是，公司会雇用各类最聪明的精英，并很可能比先前那种传统的公司更快地实现人口状况的多元化。

在上述两个例子中，多元化的表面现象（分子）似乎都是相同的，但由于分母不同，最终的解决方式也是大相径庭。

案例 2：少数服从多数原则

关于折中，一个广泛接受的观点就是，大多数人的意见总是对的。这并非对每个人来说都是公平的。实际上，比尔·克林顿（Bill Clinton）提名的美国司法部长拉尼·吉尼尔（Lani Guinere）在 1992 年的时候遭到了很多人的反对，因为她在很多方面的问题上所持的观点都是与大众不符的非主流观点，碰巧她还是一位黑人女性。

保守派的人认为，有关吉尼尔的记录表明，她过于屈从于少数民族的利益。在稍后的一次采访中，吉尼尔说到，有关她的那些记录更多地反映出她的母亲身份而非其民主党身份。当几个孩子因为不想玩相同的游戏而陷入激烈争吵的时候，他们的母亲不会说：“投票决定吧，少数服从多数。”相反，母亲通常会说：“好的，孩子们，大家轮流玩吧。”母亲本能地知道，采用轮流玩游戏的方法会令所有的孩子都感到满意。

若是采用少数服从多数的原则，某些孩子（也许每次总是同样的这些孩子）将总也满足不了自己的需要。

我们假设，在某个特定的日子里，孩子们的偏好如下所示：

孩子1：

$$\frac{\text{我想玩棋盘游戏（分子）}}{\text{我想同其他人一起玩（分母）}}$$

孩子2：

$$\frac{\text{我想玩棋盘游戏（分子）}}{\text{我想同其他人一起玩（分母）}}$$

孩子3：

$$\frac{\text{我想玩球类游戏（分子）}}{\text{我想同其他人一起玩（分母）}}$$

孩子4：

$$\frac{\text{我想玩在线游戏（分子）}}{\text{我想同其他人一起玩（分母）}}$$

少数服从多数的原则（或折中方案）导致的结果会是：让所有孩子在一起玩，不论他是玩棋盘游戏或在线游戏，只要是在室内玩就行。但最小公分母的方法则会意识到，无论孩子们是在室内玩还是室外玩，也无论他们是玩什么游戏，他们都想和其他人一起玩。通过轮流玩游戏的方式，每一个孩子的需求都能得到满足，并且每个人还学会了如何去满足他人的愿望。这样的解决方式不仅为父母们带来了最满意的结果，而且它也是我们建立和谐、友好社会的根基。

案例3：国际冲突

任何时候，当我们谈到折中的本质弱点时，我们就会问起有关中东、爱尔兰、印度或巴基斯坦等方面的问题。我们相信，这些看上去难以处理的冲突实际上恰恰证明了我们的观点。在过去的半个世纪里，那些最聪明的政治家以及各种精心安排的政治谈判都没能确保永久性地解决那些国际冲突。一再折中的结果令某些集团的利益总是无法得到满足，从而导致紧张局势的频繁出现。

在每一起有关国际冲突的案例中，那些谈判家和媒体总是将关注的焦点置于聚光灯下，而忽略了那些国际冲突的真正本质。之所以会这样，有时候是因为事物的真正力量往往是汇合于表面现象之下的，从而形成一个极其复杂的数学等式（有点像将 1/5、1/9、1/x、1/33、1/y 与 1/1 000 求和的运算）。因此，找一个折中的方案往往比寻找最小公分母要方便、容易得多。有时候，最小公分母方案从政治的角度上来看是不正确的，比如，在相互竞争的政治双方中，若其中一方的实力明显强于另一方许多且具有完全消灭对方的能力，那么，对于较强的这一方来说，最小公分母的解决方式将只会令自己的优势丧失（在过去，这样的情况已经出现过多次），只有将另一方完全地消灭掉，它才能享有长期的胜利。若另一方只是部分被消灭，那么，获胜的一方将会一直面临冲突与挑战，甚至偶尔会被战败的一方重新夺回优势。

我们并不是在建议某些国家或人民应该被消灭掉，因为那是一个令人无法接受的公分母。因此，我们找到了另一种解决方式：不要试图去找一个特定的模式来回答所有的问题（满足所有各方的需要），而是将这个数学等式中的各个部分分解开来，分别对其进行满足。

例如，就中东问题来说，如果我们能将整个中东问题分成若干个子集，然后用最小公分母方案分别来处理各个子集中所存在的问题，那么，我们就将有可能找到能长期解决中东问题的方法。比如，在水资源这个问题上，对于以色列的人民来说，牢牢把握水资源将对他们的生存至关重要，而对淡水资源的争夺在未来一段时间内必将成为国际冲突的起因。最终，与不同国家的人民应该生活在哪个地点（中东冲突的起因）这个问题相比，确保任何人都能喝上水才是更加重要的事情。考虑到在解决中东冲突问题（所导致的紧张局势）上所花费的大量金钱，我们不禁要问，把花费在军队上的部分金钱拿去解决水资源的问题是不是更合理一些呢？

案例 4：当分母是 4 和 8 的时候

当你把 1/4 和 1/8 相加的时候，一件有趣的事情发生了：最小公分母是 8——4 和 8 都能整除 8。但 1/8 比 1/4 小，实际上，它只是 1/4 的一半。

在市场上，人们本能地遵循着少数服从多数的原则，或者推崇一家独大的市场地位（假定其他的市场竞争者都无法与之抗衡），这样的情况同样也发生在那些拉选票的政治候选人身上。但数学等式将会用不同的方式向我们揭示这一切。

例如，让我们来考虑一下拉尔夫·劳伦（Ralph Lauren）在时尚界的长期成功（尽管也会有周期性的起起落落）。不同的设计师来了又去，但拉尔夫·劳伦在 30 年间始终保持着强大的忍耐力。也许你能够从其位于纽约麦迪逊大街上的知名店面 Ralphingdale 中找到一些线索。这家店面的外表看上去非常有男人味——由很多的木头、黄铜、砖块以及一些带有乡村气息的东西构成。当然，大部分来这里购物的人都是女性。在女性看来，从一个布置得很精美的、带有男性特点的环境中购物会令自己感觉非常舒适、愉快。然而，对男性来说，在一个充满了女性气息的环境中购物却会感觉非常不自在。他们也会偶尔光临“维多利亚的秘密”（Victoria's Secret），但大多数时候都不会是自己单独前往（多半是陪女性前往）。我们在这一点上并没有太多的研究，但根据我们的观察和所听到的一些传闻，专为男性（在这个例子中，男性是购物的少数群体）所设计的环境同样能较好地吸引女性（购物的大多数群体），但如果倒过来的话，则完全不能成立。因此，少数群体就成为最小公分母。

若干年前，J·C·彭尼（J. C. Penney）正在为治疗关节炎的产品开发新的目录册。这家公司决定将一个迷人的中年妇女的形象印在目录册的封面上，因为超过2/3的关节炎患者都是中老年妇女。相反，我们却建议这家公司使用一个英俊的中年男子、一个年轻妇女以及一个儿童（这三类人群代表了另外 1/3 的关节炎产品市场）的形象作为目录册的封面。原因何在？以中年妇女的形象为封面的目录册将很有可能无法吸引中年男子或其他年轻人；另一方面，以男性或年轻人的形象为封面的目录册却不会对中老年妇女购买关节炎产品造成任何的负面影响。从政治的角度来看，这是错误的？恩，也许吧。但从心理学上来看，这是正确的？恩，有可能。

大约20年前，市中心的一位高中数学教师（中年男性）向我们提到，迎合高层次消费者的杂志《新娘与你的新家》（*Brides and Your New Home*）几乎成为市中心高中女学生人手一册的圣经，而这些高中女学生大多数都是黑人和西班牙裔人（少数民族）。杂志的主编芭芭拉·托伯（Barbara Tober）并不知道，杂志摊上所售出的杂志大部分都是被这些来自少数民族的女孩子所购买了，因为她关注的重点是那些长期订阅其杂志的客户，是那些白人和高消费阶层。这位女性教师对"新娘杂志"这个领域没有任何的智力累赘，因此，她能够透过外星人的眼睛看清整个事情的真相：对于西班牙裔的女孩来说，她们的甜蜜的15岁生日宴会是她们成长道路上一个非常重要的仪式。在很多这样的仪式上，父母会为自己的女儿租用豪华轿车、给女儿找来穿着美丽的女傧相、会精心地布置宴会，还会准备很多昂贵的礼品。因此，对于这些西班牙裔的女孩子来说，"新娘杂志"上的内容为将来会发生在自己身上的事情提供了一个完美的模板；而对于黑人女孩来说，杂志中所描述的那些上流社会的婚礼布置和装饰几乎在将来不可能发生在自己的身上，因此，她们读这样的期刊只是为了满足自己的热情和幻想，就如同那些无法再获得浪漫经历的妇女会疯狂地爱上浪漫爱情小说一般。

所以，低收入的少数民族年轻人一直以来（而且还将继续）构成了这部杂志的主要消费人群。但一个重要的问题就是，芭芭拉·托伯是否应该重视这部分隐藏的巨大市场并在其杂志的内容中有所体现呢（折中的策略）？或者，她应该继续忽略这部分人群，而继续专注于她所熟知的市场？答案一定是后者，因为在这个例子中，她所熟知的市场就是"最小公分母"，她发行的杂志令所有人都充满期待。如果她选择了哪怕一丁点的折中，那么，她不仅会失去自己的目标市场，还可能失去一部分更大的潜在市场（那是她没有关注的市场）。

上流社会市场		**低层次消费市场**	
我购买新娘杂志是为了多给自己一些灵感 **(分子)**	+	我购买新娘杂志是为了多给自己一些灵感 **(分子)**	= **X (策略)**
我想成为像自己所崇拜的人那样成功的人 **(分母)**		我想体验一下自己成为上流社会的人的感觉 **(分母)**	

要同时满足这两个消费市场，最佳的解决方法就是完全去满足上流社会市场。如果你把上述两个分母相乘（“成为一个上流社会的人”×“感觉上像个上流社会的人”），你将无法获得低层次消费者市场中的那些读者。

案例 5：定义里有什么？

令奢侈品和奢侈服务的提供商感到高兴的是，高层次消费市场已经膨胀到了令人难以置信的程度。单单在美国，现在就有数百万的百万富翁。但现在这些公司面临的问题是，随着奢侈品的大量销售，如何才能吸引更多新的消费者呢？他们可能会认为，价格将是一个关键的因素。错！如果你将奢侈品与价格画上等号，那么，当人们手中的钱足够多的时候，你会发现，自己很难对奢侈品作出辨别。某些人会全价购买头等舱机票，这意味着一趟往返旅行将耗掉其数千美元。但是，由于大量的飞行常客奖励计划的存在，购买了昂贵机票的人将不得不与那些乘坐低价票或乘坐免费票的旅客（这些旅客由于享受了奖励计划，因此能免费或优惠地享用头等舱）挤在一起。这使得头等舱常常令人感觉和经济舱一样，像是运牛的卡车一般。甚至有时候，同塞满了人的头等舱相比，空了一半座位的二等舱更让人有舒展身体的空间。

人们将奢侈品与花费画上等号的原因在于，对很多人来说，他们手里并非总能有足够多的钱。受“奢侈品等于高消费”这个智力障碍的影响，奢侈品的制造商和销售商们总是选择折中的方式来解决问题：涨价、降价；再涨价，再降价。结果，不仅没能从根本上解决问题，反而使自己陷入了价格的恶性循环之中。

考虑一下下面的情况：

情况 1：

很多人都拥有大量的金钱（分子）

每个人都希望得到那些能极大改善自己生活质量的稀有物品。（分母）

情况 2：

更多的人能够获得高价的商品和服务，因此，这类产品或服务不再像以往那样有独占性（分子）

每个人都希望得到那些能极大改善自己生活质量的稀有物品。（分母）

如果商人们只将注意力集中在分子上，那么，他们会采取涨价、对产品分布施加更多限制或其他的折中手段来达到在继续吸引更多富裕人群的同时还能保持产品独占性的目的。尽管如此，如果他们将命运之签投向了分母（当把两个分母相乘的时候，你将得到一个简单的结论：能感觉得到的生活质量将是比价格更加重要的东西），他们将采取一系列崭新的策略。

在这里，最小公分母再一次重新定义了这个问题。奢侈品应该被定义为“稀缺物品”而不应该与“高消费”画上等号。无论其价格如何，只要这个物品是稀有的、是悦人心意的，那么，它就是一件奢侈品。因此，那些在分布上受到限制的（人们所需要的）物品也仍然属于奢侈品；任何能节约时间的东西也属于奢侈品；任何能减缓人们压力的东西也是奢侈品；高质量的人际关系以及值得信赖的社会团体也属于奢侈品；高质量的医疗保健、出色的商业服务或官僚机构中能力出众的人才都是奢侈品。从这个角度来看，很多并非属于奢侈品行业的企业现在都可以被纳入到奢侈品行业中。而那些还没有将重点转移到（以“稀缺性”为中心且独立于价格之外的）最小公分母上来的企业，则很可能失去自己的市场地位。

这里还有一个用重新定义问题来找出“公分母”的例子：在 20 世纪 80 年代早期，位于美国缅因州的波特兰联合互助人寿保险公司

（Union Mutual Life Insurance of Portland）发现自己陷入了一个以“核能”为中心的争议之中。支持核能与反核能的两股势力正处于激烈的对抗之中，并且就“是否应该关闭缅因州的杨基核设施”这一问题进行了投票表决。联合互助公司是缅因州最大的三个能源使用者之一，因此，保持核设施的开放将对其有至关重要的经济意义。这家公司也许可以像很多其他处于相同情况下的同行那样，动用其方方面面（包括金融的、广告的、政治上的以及雇用政策等方面的）力量来对当地的媒体、政客以及劳工们施加影响，让他们站在支持核能的一方。但是，一旦公司使用了这种方法，那不论最后的结果如何，它都将因为这些做法而在公众心中留下负面的印象。从长期来看，用这种方式来解决问题将毁掉自己在波特兰（以及州议会中）所建立起的良好的居民身份。

因此，这家公司没有采取牺牲自己声誉的方式。它没有采取一半或部分的折中方式来处理这个问题，而是重新定义了这件事情。

这家公司建立了一个以核能为主题的资源中心，该中心有很多关于核能的书籍，其中，既有支持核能的，也有反核能的。任何对核能感兴趣的人都可以得到这些书籍。公司还召开研讨会和辩论会，并邀请那些拥有丰富核能知识的人（不论是支持或是反对核能）来参加，并且这些研讨会不仅对公司内部员工开放，还欢迎社会大众都来参加。公司还在报纸上打广告，表明其希望缅因州的杨基核设施能保持开放的观点，并解释了其经济的合理性。公司所做的更杰出的一件事情就是，它呼吁那些试图放弃投票权的人在投票日去勇敢地投出自己的一票（无论他的立场如何）。公司声称，投票权是这 10 年以来最重要的公民权利之一，每一个人都应该对自己的观点和立场负责任。公司认为，公民拥有民主的权利与公民们在核能事件上的立场一样重要（如果不是更加重要的话）。

这样做以后，这个问题已经不再仅仅是关于核能的问题了，而是一个关于公民权利的问题。公民权利就是就是联合了各方因素的最小公分母。无论最后的投票结果如何，联合互助公司都在缅因州赚得了足够的声誉。最终，杨基核设施没有被关闭，公司为自己的胜利而庆祝。同适度调整能源和价格的方法相比，联合互助公司在处理这个问题上的策略有着更加深远的经济意义。最小公分母总是比折中的方式更有用。

案例 6：约翰与玛丽

大多数家庭中都存在需求方面的冲突。有的冲突可能更具有煽动性，但任何冲突都能导致家庭生活处于不愉快的气氛之中。

让我们来设想一下这样的情况：你那正值青春期的儿子向你抱怨，每周 15 美元的零花钱已经不能满足他的需要了。根据他自己的估算，他每周至少需要 25 美元。但是，你却并不认为应该给儿子超过每周 15 美元的零花钱。结果，争吵不可避免，这中间还时常伴随着“我在你那个年级的时候……”之类的故事。最终，一个折中的方案出台了——你每周给儿子 20 美元，这既比你希望给出的金额多了 5 美元，也比儿子渴望得到的金额少 5 美元。

最小公分母将帮助你把“零花钱”这个词从数学等式中移开，让你看到这个现象的实质所在。一方面，你认为，作为一个初级的家庭正式成员，整天啥事也不干的儿子无论如何也不能获得每周 15 美元的零花钱；另一方面，看场电影的花费都涨到了 10 美元，儿子觉得，没有 25 美元在手将难以度过一周的时间。好的。你应该只给儿子 15 美元，并给他指明一条赚取另外 10 美元的道路——可以让他通过做家务事来获取每周 10 美元的报酬（每月付 40 美元或每年付 500 美元都行）。这样，双方都能得到自己想要的东西，都能对结局感到满意。

儿子：

我想要每周 25 美元的零花钱 **（分子）**

我需要 25 美元来让我顺利地度过一周时间 **（分母）**

家长：

我拒绝每周给儿子的零花钱金额超过 15 美元 **（分子）**

我不介意我儿子能得到多少钱，只要他不会在拿着超过 15 美元的零花钱的同时又啥事不做 **（分母）**

将两个分母相乘（“每周 25 美元的零花钱”×“只拿 15 美元但啥事都不用做”），你便能得到结果：找到一个让儿子自己去赚取另外 10

美元的方法。

我们所熟知的一对夫妇（妻子是西班牙裔人，丈夫是以色列人）最近刚有了第 2 个孩子。在第 1 个孩子出生以前，他们俩就一直在为给孩子起名字的问题而争论不休。他们想给孩子起一个与众不同的、带有种族特色的名字，但丈夫所喜爱的那些有关希伯来人的故事却让妻子这个西班牙人听起来感到非常厌恶，而妻子喜欢的那些带有西班牙特点的东西又同样令以色列丈夫感到不满。但他们俩有一个共同点就是：夏威夷是这个世界上他们俩最喜欢的地方。因此，最后，他们给自己的两个孩子都起了带有夏威夷特色的名字，而夫妻双方都对这样的结果感到满意。

底线

现在，你能够看到，任何基于折中方式的解决办法最后都将导致失败，长期的成功更多地来自于对最小公分母的寻找。

在现实世界中，找到一个或多个公分母不会总是那么容易。对于我们所有人来说，达成共识给我们带来的压力通常使得折中的方式成为最快速、最容易的解决办法。抛开折中去寻求最小公分母会花费你很多额外的时间和精力，但从长远的角度来看，这些所付出的努力将更好地服务于你。真正的问题在于，我们的思维常常落入“这就是最简单的解决方法”之类的陷阱中，而很少去思考如何才能避免自己总是站在街灯亮着的地方找手表。去试一试吧。街道的另一面不见得就完全是黑暗的，它只是让你有点迷惑而已。把它当作一个数学谜题来解吧，这样，你就能解放你的思维并找到真正起作用的解决方案。

第Ⅳ篇

想象这种方法：用比喻解放思维

人们总会将信息转换成图像。对于一台电脑来说，其内存里的数据就是全部事实；而对于一个人来说，他（或她）脑海里所记住的文字只是用来形成图像的符号。“椅子”这个单词并不意味着它就是一把真实的椅子，但这个词能让我们在脑海里浮现出真实椅子的图像来。

这就是为什么暗喻（或明喻）通常是最有效的学习方法。当我们认为某位妇女的头发像丝绸一般光滑时，我们就创造了一个具体的、形象的比喻。通过这个比喻，我们便能牢牢地记住那位妇女头发的特点。最出色的老师或作家往往能使我们看到一幅幅栩栩如生的画面，因此，我们便能进行有效的学习。莎士比亚（Shakespeare）的作品之所以能长盛不衰，就是因为莎士比亚在营造令人印象深刻的图像方面有着超乎常人的天赋。

好的老师总是经常使用比喻的方式来进行授课。他们不会按照一成不变的方法来照搬参考书上的内容，而是会用展示插图或讲故事的方法来帮助学生们更生动、具体地看清某些特殊的状况。这就是为什么比喻在这个飞速变化的时代中是一种最有用的思维技巧。我们认为，对于职业的战略家来说，以下5个比喻将是非常重要的：**政治议程中“三条腿**

的凳子”；可通行道路；购物与“橄榄球”比赛；“进化论”与管理；自我打败与自我实现。

如果你过分关注某些狭隘的政治观点或社会争论，你很有可能忽略掉更加重要的图片。政客及某些有社会意识的企业管理人员常常因此陷入了争议的泥潭中。从更广泛的方面去看问题，将使你更清楚地理解广大公众的真正需求。“三条腿的凳子”这个简单的比喻将有助于你实现那个目的。

“可通行道路”也是一个形象的比喻，它通过铁路及因特网等方面的案例向我们展示了一些基本的商业原理。这些商业原理常常被我们所忽略，甚至那些应该能出色理解商业原理的人（比如，那些经济学的学者们）也常常忽略掉这些基本的原理。

“橄榄球比赛”这个比喻用一种显著的方式向我们揭示了企业与顾客关系的真正内涵。

越来越多机敏的商业观察家开始寻求用生物模式来帮助我们理解企业及其行为。达尔文（Darwin）的“生物进化论”也许是公司管理者们理解并实施管理的最好工具。

只有能有效地应用于实践的想法才是好的想法。对于你预测或想象的关于未来的事情，你可以使其发生，也能使其不发生。理解“自我打败”和“自我实现”将是所有思维技巧中威力最强大的一个。

第 12 章　政治议程中“三条腿的凳子”

人们总是频繁地陷入各种政治形态的思维陷阱之中，因此，下面这种方法也许是一个不错的主意：退后几步，看一下整个政治形式的全貌，然后问自己：“如果要我用几句话就概括出当前的形式，我应该怎样做?”由于我们经常被问到这个问题，也因为现在拥有过多信息的人都喜欢简短的表述（比如，新闻的原声摘要就很受欢迎），因此，当我们被问到这类问题的时候，我们的反应就是，用一个简单的比喻来帮助我们更清楚地看到各方政治力量的变化。这个比喻就是：所有的一切都与**“三条腿的凳子”**有关。

案例 1：共和政体的基础

显然，不同的国家以不同的政治形态为基础。因此，我们的比喻将被限定在美国以及与它相似的民主政体范围之内。让我们用一个词来归纳美国的政治实体：共和政体。于是，共和政体就成为一个凳子上的横板（也就是我们坐在凳子上的那个部分）。而这个凳子正是靠横板（共和政体）下面的 3 条腿来维持平衡：**个人责任、机构责任和慈善事业**。这就是关于“三条腿的凳子”的比喻。最终，我们对社会和经济的态度及价值观、我们所有公开及私人的评价和决定都将归结为“我们如何看待那三条腿之间的平衡”。你对于社会、政治、经济的态度和评价可能来自于宗教学习，可能来自于社会团体中的经验，可能来自于各种成功和艰辛的经历，也可能来自于现实世界带给你的各种正面或负面的影响。你在当前的政体中不断塑造着自己的观念，但所有的一切仍然可以归结为“你如何看待那三条腿之间的平衡”——个人责任、机构责任和慈善事业。

个人责任是我们对自己和其他人的共同期望。我们希望和别人一起，共同分担社会的责任：保留过去遗留下来的优点、最大限度地提高当前的经济生产力并为将来可能发生的事情做好准备。我们期望能发挥自己的力量，完成我们对自己、对所深爱的人以及对更广阔的社会团体所做出的承诺。这意味着，我们应该帮助和照顾那些依靠我们的人、反对你认为是错误的东西、为保护民主政治而投出自己赞成的一票、为国家任何方面的需要服务（不论是在战争年代还是和平年代）、合法纳税以及对任何有可能给自己的生活方式带来危害的人或物保持高度警惕；它还意味着，我们应该为伤员提供服务、保持财产的合法性、不要滥用公共资源或毁坏公共设施、不要违反国家的法律、要对自己的健康和福利负责、不要依赖他人（只要你身体和头脑都还足够健康，能为自己的生活而工作）；它同样还意味着，你应该在公共交往中的各个方面都用成熟和理智的方式来引导自己。

上述这些要求听上去似乎很苛刻，但个人责任毕竟是“凳子”（我们的国家正是建立在这个凳子之上）的三条腿之一。在其他的一些社会和文化中，个人责任也许不一定会包含上述的全部内容，但在美国，个人责任的含义一直就是这样。

第 2 条腿是**机构责任**，它代表了你对社会中的各种机构和组织的期望。你希望所有的机构和组织都是正直的，它们能够保证你的人身自由、为你履行个人义务铺平道路并且对各类活动进行监督以保持社会的平稳发展。无论这些组织是我们的立法及监管机构、我们的军队、各种经济实体、我们的学校、白宫或者是社会保障部门，我们都希望它们以及其他数以万计的各类机构能很好地为我们的切身利益服务。社会契约将所有机构绑在了“凳子”的一条腿上，并成为它们对我们（公民、工人、学生、投资者以及退休人员）应负担的责任。我们总是认真地对待社会契约，而随着社会的进步，机构责任也日复一日、年复一年地被反复写进系统制度当中。这意味着，所有的机构（包括企业在内）必须通过它们对待社会契约的方式来赢得公众的支持——这正是我们这个共和政体的特点。因此，机构责任成为共和政体这条"凳子"的三条腿之一。

"凳子"的第 3 条腿是**慈善事业**。大多数观察家可能都没有注意到这条腿的存在，但最机敏的智者绝对不会忽视它的重要作用。亚历克西斯·德·托奎维勒（Alexis de Tocqueville）关于早期美国的一个最有洞察力的观点就是，刚刚诞生的美国有一个重要的特点：它拥有很多靠理想团结在一起的人。他还提到，那些因共同理想而团结在一起的人所构成的组织总是自愿地、主动地为社会做好事。德·托奎维勒认为，这其中带有美国特点的现象对于建立并维持团体意识来说具有非常独特的效果。

因此，认真对待慈善事业对我们的共和政体来说非常重要。由于种种原因，有些人的生理或智力出现了缺陷，他们无法通过自己的力量来体现自己的价值。我们应该在时间、金钱、能量等各个方面都关爱并帮助他们，并履行个人对他们所做的承诺。当然，我们的慈善事业不应只局限于对普通人民，还应该对包括自然资源、艺术、动物以及我们的后代在内的所有事物都提供服务。如果这些慈善事业不是构成美国政体的根本要素，那么，我们也就不算是真正的美国人。

以这个"三条腿的凳子"的比喻为基础，任何其他的问题才能迎刃而解。

案例 2：政治党派

对于如何解释这三条腿的含义以及用多久的时间才能完全实现每条腿的功能，不同的人会有不同的见解。在此，我们将再一次用简化的方法来描述政治生活。共和政体向来都是建立在"两政党"的基础之上，当前，这两个政党分别是共和党和民主党。当然，还有第三个派别，他们既非民主党也非共和党。因此，从这个角度来看，我们的共和国体又是三条腿。

共和党的成员通常更加保守，他们非常重视公民的个人责任，不太重视机构责任，非常忽视慈善事业。他们把慈善事业这条"腿"劈成两半，并试图把其中的一半和个人责任绑在一起，而在另一半上面加上道德标准。

另一方面，民主党的成员则较为开明，他们不太重视个人责任，较为重视机构责任，非常重视慈善事业，并且不在任何一条“腿”上施加任何道德标准。

所有坐在这条“凳子”上的人都能够看到所发生的一切。无论是在共和党统治的环境中，还是在民主党统治的背景下，这条“凳子”都不会达到完美的平衡。失落、混乱以及对经济衰退的担忧总是伴随着我们。这也就是为什么在2000年的一次盖洛普民意调查中，42%的人在被问到自己政治派别的从属时会认为自己既不属于民主党，也不属于共和党。

特德·霍尔斯特德（Ted Halstead）和迈克尔·林德（Michael Lind）在他们所著的《根本的中心：美国政治的未来》（*The Radical Center*：*The Future of American Politics*）一书中写到，分析家们在谈到选举的时候，总是把它当作是选民（根据选民支持的政治党派来决定）的“重新排列”。但现实生活中真正发生的事情却往往是“无党派”。人们普遍讨厌那些极端主义者，因为他们总是过分地热爱自己的党派而完全否决另一派。在这些极端分子的设想中，整个国家被彻底分为了两半，但实际上，两个党派之间（尽管被人为地疏远了）仍然有很多的共同之处，并且他们更愿意想办法去平衡那条“凳子”而不愿在文化的冲突之中混战。由于“两个极端赋予中间部分更多的信息（见本书第4章）”，并且中间部分总是在向前发展，因此，单一党派（无论是共和党还是民主党）的领导和统治绝不会让人觉得满意。

乔治·莱克奥夫（George Lakoff）在《道德政治：自由主义者和保守主义者是如何思考的》（*Moral Politics*：*How Liberals and Conservatives Think*）一书中写到，政治党派的划分实际上是一种道德上的极端划分，它涉及你对“什么是好的”以及“什么是对的”的评判标准。他用了一个比喻来看待这个问题，这个比喻讲的是父母在抚育孩子成长的过程中，对于使用“严厉要求”和“讲道理”的（教育孩子的）方式所产生的争论。如果孩子是由一个“严厉的父亲”所抚养的，那么，这个孩子将来很可能成为一个比较保守的人，因为他所接受的道德观提倡自我约束、个人责任、独立自主、进取心、竞争意识以及自由市场观念。另一方面，“讲道理的父母”则会让孩子在其行为中融入更多的感情因素，他们的道德观提倡公平以及热心帮助有困难的人。

保守的共和党人与开明的民主党人是我们当前这个政治系统的两条“腿”，它们代表了两个相互对立的极端。而这两个派别之外的人，既坐在“凳子”的顶端，也构成了支撑“凳子”的第三条“腿”——这似乎像在耍杂技。既是“凳子”的“腿”，又是“凳子”的占有者，我们就这样艰难地生活着。在经历了反复的希望和失望之后，我们试着改变些什么。我们仍然坚持坐在“共和政体”这个“凳子”之上，但并不完全信任那些使“凳子”的三条腿保持笔直的东西（不管是政治党派或是那些政治原理）。这就是美国政治的现状，它一直以来就是这样，而将来也总会是这样，至少，（只要我们仍然是共和政体）我们心里明白自己将来会怎样。

当你的老板关注你在医疗保健及退休等方面的需要时，对于你来说，公司是否必须承担严格的机构责任就不是那么重要了。由于（当老板为你提供医疗和退休方面的帮助时）你的个人责任减少了，因此，你对机构责任的关注程度也就减弱了。

既然你必须在医疗花销和退休收入等方面为自己承担更多的责任，那么，当选的政府官员和监管者让国家的医疗保健系统和金融服务业承担更多的机构责任就显得至关重要。这就是一个很显然的例子：我们越是延长“凳子”的某条“腿”，就越得相应延长另一条“腿”。因此，这个“三条腿的凳子”的比喻，能帮助你在各方政治力量（不管是关于我们的整个共和政体还是那些设定政治议程的党派）中找到平衡。

案例 3：男性/女性

自从 20 世纪早期到现在，随着妇女被赋予了选举权，我们的政治体制不得不面临一个新的现实。美国的女性正在行使选举（及被选举）的权利，因此，现在的政治形势将和以往完全不同。在行使投票权的人中，有大约一半（甚至更多）的人是妇女。随着时间的推移，她们在带来不同政治议程的同时也带来了更多的争议与混乱。对于女性来说，这当然很好。但对于那些自视高人一等、喜欢追逐权力、崇尚男性社会体系、喜欢在房间里靠打扑克的方式来解决私人问题的男性来说，他们当然对女性的选举权感到愤恨。

我们能否用“三条腿的凳子”这个比喻来简化男性和女性在政治议程中的差异呢？答案当然是，可以。

男性的观点比较老套（当然也有例外），他们认为，当今世界（凳子）的座位（横板）是**经济**，而支撑这个座位的三条腿分别是**交通运输系统、通信系统和资本构成**。这是一套贵族式的政治议程，它带领着我们从远古的捕猎、采集社会不断向前发展。在度过工业时代后，我们现在正顺利地经历着后工业时代。金钱、财富和发展都来源于这三条“腿”，只要令这些“腿”更加结实，那么，座位（经济）上面就能容纳更多的人。

另一方面，大多数女性则认为，在当今世界中，“凳子”的“座位”应该是社会，三条“腿”分别是健康、教育和生态平衡。关注这些“腿”，重视它们并加强那三个方面的工作，我们的未来才会有保障，也才会有更多的人能并排坐在“凳子”上。

这不是一个关于谁对谁错的问题，两种观点都是对的。所以，我们可以预言出一系列更复杂的政治议程，在这套政治议程里，所有那些相关的因素都可以被融入一个“六条腿的马车”中。在这个过程中，企业将起到一定的作用，它们可以更多地提供将多种因素（两类观点）混合在一起的工作机会，比如，微型借贷、能源保护、教育软件等方面的工作。

很多大型的公司都公开报告它们在控制或减少环境破坏方面所做的努力；其他一些公司则会开展各类活动以在公众面前树立自己的友好形象（比如，它们会为身为父母的员工提供一些休假计划，或者为一些失业的父母提供兼职的机会）。正如在最近的政治选举中所发生的那样，随着更多的女性成为政府及企业的管理者，她们开始对企业的立法和规章制度施加更多的影响。可以预见的是，如果企业想同时重视女性和男性这两把“凳子”，它必将面临更大的压力。最近几年，一些主要的法律机构和会计公司已经意识到，满足妇女在不同情形下的不同要求是一件非常紧迫的事情，因此，它们现在允许女性成为其合作伙伴（哪怕她们并非在公司中干全职工作）。女性在立法机构以及金融服务领域中地位的提高，将进一步使女性社会这把“凳子”的三条腿变得更加坚实。

机敏的政客同样也意识到了将两把“凳子（男性和女性）”结合在一起的重要性。他们知道，两把凳子的结合是人们所期望发生的事情，因此，政治实体要想继续存活下去，必须做出相应的改变；他们同样也明白，在这个充满了巨大变化的时代，两把“凳子”结合后所形成的局面与之前相比，将会有很大的变化。在新的形势下，我们必须对领导者进行持续的监督，并对任何变化做出快速的响应。当然，我们不会天真地认为这是一件容易的事情。男性政客与女性政客在观点上的差异（以及政治上的左翼分子和右翼分子之间的冲突）将在各个方面（从战争到福利制度，从司法公正到公民权利，从儿童福利到老人福利，从国外援助到家庭暴力）导致更多的政治争论。在接下来的半个世纪里（或许，只要我们继续保持共和政体），这些争论都不会停止。

用“三条腿的凳子”来看问题是一个非常有用的方法，它能帮我们更清晰、准确地看到政治舞台的内在本质，还能帮我们预测何时会产生争议；它能使我们看到组织如何获得更多利益相关者及选民的支持，也能使我们更好地理解新兴事物对社会的影响。

第 13 章 可通行道路

一些商学院的教授都赞成这样一种观点，即美国的铁路公司走向衰败的原因是它们认为自己只是从属于铁路行业。这些教授们认为，铁路公司的错误在于它们没有意识到自己实际上是属于交通运输行业。这种观点看上去似乎很有启发性，但实际上，这是又一个典型的“智力障碍”。实际上，铁路公司的真正错误在于，它们没有意识到自己手中握有**可通行道路**。当电报公司、电话公司以及邮递公司赶来向铁路公司表达其希望使用铁路沿线土地的愿望时，（坚信自己只从属于铁路行业的）铁路公司回答到：“可以，为什么不呢？”这样做的结果就是，铁路公司错过了从整个通信行业中瓜分利润的机会。它们丢掉了自己手中所握的可通行道路。

对于那些在美国修建的铁路来说，联邦政府必须对其投入大量的人力、物力资源。的确，联邦政府至少完成了 3 件私人部门不可能做成的事情：（1）它修改了移民条例，以此吸引别国便宜的劳动力来美国铺设铁路；（2）它动用军队的力量来保护那些拥有先进技术的铁路公司；（3）为了使铁路能顺利地通行，它动用土地征用权，迫使很多居民放弃了私人房产（这可能是政府为修建铁路所做的最重要的一件事情）。然后，私人部门在得到政府的保护和补贴后，将大量的资本投向了这项融合了当时最先进技术（钢铁、动力、桥梁修建、隧道技术、爆破技术等等）的工程。所有这一切（人力、物力）确保了铁路能越过水面、通向深山、跨越沙漠、深入森林并穿越掠夺者的领地。

1849—1882 年，成千上万的年轻中国农民作为廉价劳动力被带到美国，他们主要的工作就是铺设铁路。仅中太平洋铁路公司（Central Pacific Railroad Company）这一家公司就雇用了超过 15 000 名中国劳工。

政府动用土地征用权为修建铁路的商业公司谋取利益的做法曾经遭到了公众极大的反对，但 19 世纪的法院站在了政府这一方。法院判定，政府动用土地征用权修建铁路的行为是正当的，因为铁路是与公路同等重要的道路设施，而政府有责任和义务为公众提供公共交通设施。

很多人在修建铁路的过程中发了大财［比如，范德比尔特（Vanderbilt)］，但也有很多人因为购买了铁路公司的股票而亏得血本无归。最终，在那些凝结了工人们的汗水、勤劳与意志的铁路修成以后，电报公司找上门来，希望铁路公司能允许它们在铁路沿线的可通行道路上搭建电线杆、铺设电缆，作为交换条件，它们愿意为铁路公司提供免费的电报服务。铁路公司的回答是："没问题，就这么干吧。"紧接着，电话公司也来了，并向铁路公司表达了同样的愿望。铁路公司的回答仍然是："没问题，就这么干吧。"最后，邮政公司也来了，它们同样希望利用铁路沿线的区域来搭建邮递中转站。铁路公司再次回答到："没问题，就这么干吧。"西部联合公司（Western Union）用较低的成本与铁路公司签订的合同使得这家电报公司在 19 世纪中晚期几乎统治了整个通信行业。西部联合公司之所以能获得如此大的利益，就是因为铁路公司轻易地、欠考虑地将涉足通信领域的机会丢掉了。铁路公司没能意识到自己手中所掌握的可通行道路才是打开成功未来的真正钥匙。

最近发展起来的因特网是一个与上述铁路行业非常相似的例子。因特网最早是由政府发起的，起因是美国国防部高级研究计划局（Defense Advanced Research Projects Agency Network，DARPAnet）想让政府、军队和学术机构三者之间能实现无破译的通讯。随后，私人投资者涌入这个行业。于是，这项最前沿的技术就开始被推广，数十亿美元的投入都用在向普通大众铺设网络通道的基础建设上。但这一次，可通行道路没有再被轻易地送给别人。对于任何靠因特网盈利的企业来说，这条可通行道路都是至关重要的。雅虎（Yahoo）、亚马逊（Amazon）、易趣（eBay）以及其他那些拥有网络通道的企业正是利用了自己手里的可通行道路来赚钱——任何想通过网络进行在线销售的企业都必须向它们缴纳一定的通行费。

每一个企业都会花上数年的时间来铺设自己的商业网络。但奇怪的是，很少有企业能懂得如何利用他们手中所掌握的可通行道路。顾客、供应商、债权人、投资者以及员工等等都可以成为企业可利用的资源。如果你能够重视这个关于可通行道路的比喻并将其转化为成功的机遇，那么，你将能使那些在当前还未被充分利用的资产发挥出成倍的功效。

以前的铁路公司没有学习可通行道路这堂课，但这门课程却是企业在未来获得成功的关键所在。是否拥有并控制企业与顾客（以及供应商）之间的通道将决定谁是将来的赢家或输家。在一个竞争日益激烈的环境中，企业生存的关键就是要坚持维护消费者的利益——这已经成为（在当今这个竞争的年代中）一件非常困难的事情。

因特网还在继续为我们提供更多的选择机会。在当今这个被电子技术全面控制的经济中，距离已经不那么重要，而诸如金融服务、软件以及数据处理之类的行业都是一些“没有重量”的无形产业。所以，它们都能够通过位于计算机空间中的可通行道路结成战略性的联盟。网上杂货店现在已经将业务扩展到了音像制品、干洗、修鞋以及木材订购等等。

案例 1：以顾客为中心 VS 以销售为中心

今天，大多数企业（尤其是那些同消费者直接打交道的企业）都认为自己已经锁定了可通行道路，因为它们都觉得自己是**以顾客为中心**的企业。它们真的是以顾客为中心的吗？想想当你在与某家公司发生交易的过程中出现问题时所遭遇的亲身经历吧；想想那些非人性化的自动电话语音系统吧；想想那些设在国外的售后服务部门吧（它根本就不知道、也不关心你是谁）；再想想那些将公司的规章制度置于顾客利益之上的行为吧。你真的认为这些公司是以顾客为中心的？

真实的情况是，大多数企业都是**以销售为中心**而非以顾客为中心。这意味着，它们工作的重心以及投入的所有资源都是为了能获得顾客——完成第一笔交易。售后服务（尤其是在企业遭遇人手缺乏或工资成本上升等情况的时候）往往被认为是一项可控制的成本、一项能为自己带来最大收益的投资。在实际中，企业经常都会削减或限制其提供的售后服务。

有人认为，企业的这些做法能够使公司的运作更有效率，因为这些做法通常都是以“成本—效益分析”为指导方针的。我们将质疑这样的观点：企业关注的重点应该是使其运作更加有**效力**，而不应更有**效率**。如果效力和效率是同样的东西，那么事情就简单多了，但它们俩的确不同。效率意味着正确地做事情，而效力则意味着做正确的事情。在“留住顾客”这个问题上，获得效力将更有利于企业的长远利益。

关注可通行道路将使企业能够看到隐藏在顾客身上的潜在能量并从中获益。亚马逊网络书店（Amazon. com）就不只盯着买书的顾客，还把眼光投向了顾客的书架。这家公司还不断地问自己：“顾客还会需要些其他什么东西放在书架上呢？为什么我们没有通向顾客，成为惟一一家向顾客提供那些东西的企业？”充分认识并利用通向顾客的可通行道路，将成为竞争日益激烈的世界中一笔最宝贵的财富。

若干年前，你经常会听到人们说这样的话：“我总是买福特（Ford）车，我爸爸也总买福特车。”但在今天，你多久才能听到一次类似的话语？可能不常听到吧。趋势表明，我们在以后将更少听见类似的话。福特公司（以及其他的汽车制造商）必须为下一代的消费者重新构造其可通行道路。

发生在安然公司（Enron）、安达信公司（Arthur Anderson）以及泰科公司（Tyco）身上的商业丑闻使得很多公众对大企业的敌意与日俱增。另外，总是有调查结果显示，大公司对消费者的需求反应迟钝。最近几年，我们见到越来越多的大企业因“产品责任”及“歧视消费者”等方面的问题被告上法庭，且每次的罚金都多达数百万美元。根据《福布斯》杂志在 2002 年 5 月 13 日所刊登的一篇文章，陪审团对在“产品责任”方面有问题的企业所判处的罚款金额在 1994—2002 年平均涨了 4 倍（在 2002 年，平均罚金达到了 680 万美元）。哈里斯调查公司（Harris Survey）在 2001 年所做的一项调查报告中汇报了美国 2002 年 5 月的人口统计状况，结果显示，公众对企业及其领导者的信任程度从 1994 年开始急剧下降。在 1994 年的时候，在参与民意测验的公众中，超过一半以上的人都认为政府对企业实施监管的后果是弊大于利；但在

2001 年，只有约 40%的人还那样认为。

在这样的情形下，树立良好的品牌对企业、产品来说都同样重要。现在的消费者在做出购买决定的时候，面前有足够多的选择，同时，他们还能通过各种渠道获得大量的信息。因此，建立起顾客对品牌的信任能成为企业真正的可通行道路。在当今这个世界中，人与人之间充斥着怀疑与不信任，所以，企业只有让顾客感受到了公平、诚信、公正的服务并持续保持这样的态度，才能使顾客真正信任企业的品牌。

案例 2：狭窄的视野

1930 年，伯肯黑德的一位伯爵在《2030 年的世界》（*The World in 2030 A. D.*）一书中预言，未来的世界将会有横跨大西洋的航空运输业出现。这本书还预言，由于这是一项跨越各大洲的业务，因此，它必将由轮船公司控制，毕竟，轮船公司所属的行业是跨洋行业。然而，轮船公司并没有意识到这一点，它们认为自己只是属于轮船行业。所以，它们看不见伯肯黑德的那位伯爵所预见的未来。现在，轮船公司所拥有的仅仅只是航海业务而已（而没有航空业务）。

美国的每个州都有一个机动车管理处（Department of Motor Vehicles）。常坐汽车的人都知道，这个机构控制着驾照的获得与发放、车辆的注册等事项。它所做的全部事情就是这些，但却给政府带来了大量的获益机会（但政府并没有意识到这样的机会）。机动车管理处拥有一条非常有价值的可通行道路——任何想获得驾照、注册车辆或转让小轿车（或卡车）的人都必须经过机动车管理处这样的一个渠道去完成。政府本来应该问问自己这样一个问题："还有没有其他什么产品、程序或信息能通过这条可通行道路进行传递？"但它却没有那么做。

出售学习驾驶的材料和驾驶课程行不行？为低收入人群提供低息贷款行不行？为保险公司不愿承保的人提供车辆保险服务行不行？为新驾驶员的车辆保险提供担保行不行？向那些不愿排队等候约见的人收取部分费用（这样，他们就可以不必排队）行不行？

这并非是让政府享受某些特权或让政府与企业抢生意，但如果能正确认识机动车管理处所拥有的这条可通行道路的价值，将使政府在获取一定经济利益的同时还能更好地为公众服务。的确，很多私人企业都希望利用机动车管理处的这条可通行道路来面向成千上万的驾驶员获取利益。

经营电影院的商家现在已经明白（至少在某种程度上明白），它们拥有向顾客销售更多产品的好机会。例如，爆米花就是这样的产品。电影院会以较高的价格将零食或其他物品出售给那些被电影所俘虏了的观众。根据一项研究，电影院的大部分利润（占其总收入的1/3）都来自食品和饮料的销售。这就是使可通行道路发挥杠杆效应的一个典型例子。显然，去影院看电影的人一般都愿意在电影院中花钱消费，因为那样能给他们带来一种自由自在的快感。考虑到这些原因，影院的经营者应该想想，他们还能提供一些其他的产品吗？他们应该怎样进一步扩大自己的盈利并提供给顾客更多刺激、新鲜的体验？我们应如何从他们的经历中学到些经验？

案例3：基础设施所面临的两难境地

同以往相比，我们今天的金融计划以及基础设施建设等工作已经发生了很大的变化，尤其是电信行业［无论是因特网的应用、光学技术、卫星收音机或是第三代移动通讯（3G）服务］，它正在不断扩建其基础设施。

在过去，基础设施的建设主要基于将来可预测的需求，但今天，基础设施的建设则是基于未来不可知的需求；在过去，基础设施建设项目所需的经费主要靠公共部门提供融资，但在今天，这些钱主要来自于大量的私人资本。

因特网最先是由美国政府发起的一项计划，其目的是为了确保美国在遭到别国攻击的情况下仍然能保持国内通讯功能的完好。在因特网商业化以后，这项技术的应用才变得广泛开来，其价格也变得可以承受。现在，尽管“互联网热”已经得到了一定的控制，但总有各种各样的互联网应用不断涌现出来。

为获得3G（第三代移动通讯系统）的牌照，欧洲电信运营商的投入已经超过了1 740亿美元。他们现在需要建设大量必需的基础设施，但银行等金融机构对他们的信用评级却在下降，因为很多人怀疑，这个项目最终是否能吸引足够多的用户（从而证明这项投资是合理的）？据估计，在英国，要想 3G 能够正常运转，至少需要建设 10 万座信号塔。

在我们确定某项工程是否能满足人们将来的需求之前就计划、发展并建设这项工程，在当今高速发展、快节奏的经济和市场环境中已经变得越来越普遍。在预计消费大众在将来可能会对某些（规模相对较小的）产品或服务有需求的情况下，很多公司便会提前推出那些产品或服务；同样的情况也发生在规模相对较大的基础设施产品和服务上。3G 的规划者们预计，3G 技术所带来的更大带宽以及无线技术与互联网应用的紧密结合将极大满足人们未来的需要。他们坚信，消费者必将需要这项服务。因此，基础设施建设必须在这种信念得到验证之前就开展起来。

提供 3G 服务的企业和组织必须要意识到，当涉及大型基础设施建设的时候，交货时间、投资及供应链之间往往会产生“波纹效应”（更别提其他各种各样的风险了）。现在的投资者对那些有可能导致更多产品积压的资本项目进行投资时都显得越来越机警。在消费者见到基础设施建好之前，他们对新技术还心存顾虑。新技术在不断推动着消费者的新需求，但内勤系统和投资意愿却相对滞后。更多的技术进步（比如电脑控制的车辆、智能卡、智能材料等等）将依赖于大量基础设施的建设和检修。企业的经营风险在不断增加，因为领导能力、知识积累和技术的引导不是同步发展的，而且企业也不可能进行大规模的公共融资。尽管如此，我们还是看到了很多并非基于当前需求的项目被不断提出。

企业和政府的分布效率都有了很大的提高，但对于它们来说，当前面临的一个挑战在于，竞争将从结构的转变中获益。在很多例子中，由于分布成本的下降，很多新公司将有机会进入那些尚未开发的市场。所以，对企业来说非常重要的一点就是，你不仅得知道谁是你现在的竞争者，还必须明白谁是你将来的竞争者。Netgrocer. com 是一家开展网络商店业务的网站，但它本身与商店业务毫不相干。美国航空公司（American Airlines）、微软公司（Microsoft）、美国国际商用机器公司（IBM）以及联邦快递公司（FedEx）等企业也不属于商店行业，但它们却联合起来共同进行网络商店的分布。这种战略性的联盟真正的目的是利用它们各自已拥有的可通行道路来获得更多“通向顾客”的渠道。于是，关于“谁属于哪个行业”的规则将被重写，因此，大量新的商业机会将不断涌现出来。“通向顾客”将比任何企业的初始战略及分布渠道都更为重要，而“通向顾客”的角度和方式将比以前多了数倍。企业对3G所做的大量投资将为他们带来很多的可通行道路，我们现在只能揣测出其中的一些：从医院到股票市场的任何组织都必须使用3G技术来运作；从汽车到冰箱的任何东西也都要应用到3G技术。

在过去，由于基础设施的缺乏，发展中国家在开展全球贸易活动方面受到了很多的限制。现在，基础设施的建设将为其带来很多新的机会。这些发展中国家将在各个方面参与到全球市场中来，例如，它们也许不再建设传统的大型发电站，转而修建燃料电池发电站。取消大型能源设施（转而利用燃料电池技术）的情况类似于电信公司的蜂窝式电话系统取代其传统的陆上传输系统。蜂窝式电话系统的出现，使得各国在全球通信这个领域站在同一水平线上。同样的情况也有可能发生在能源方面（随着燃料电池技术的发展）。那么，谁将在提供燃料电池方面占据可通行道路呢？是当前的那些汽车加油站，还是停车场或沃尔玛（Wal-Mart）？

在当今的这个时代中，华尔街的股票市场总会令很多商人变得胆小，因为他们害怕大量的基础设施投资会对其股票潜力的分析带来负面影响。因此，对他们来说，拥有长远的目光是至关重要的。未来的世界将会是一个充满无情竞争的环境，“可通向道路”才是企业成功的钥匙。建立并控制这条通向消费者的“通道”会耗掉企业很多钱，所以，不能使“可通行道路”产生杠杆效应的企业必将陷入灾难之中。

案例4：亚马逊河

亚马逊公司并没有年复一年地盈利，但为什么它的股票价格却能保持那么高呢？因为，在那些精明的观察家眼中，现在的股票价格反映的是亚马逊公司未来业务的当前价值。亚马逊公司是未来商业模式的典范。正如我们先前所讨论的那样，企业的真正价值在于其控制通向越来越多消费者的可通行道路这项资产的能力。在产品淘汰越来越快的当今世界中，这项不同于其他任何专门产品的资产显得更加珍贵。

在以前的战争中，设在河岸的堡垒能控制整个河岸；同样，控制商业分布渠道就等于在商业竞争中占据了有利的位置。正如每一个写书的作者都知道的那样，如果你选择的出版商在出版界没有足够影响力的话，那么，即使你写的书非常出色，你也很难靠这部书赚到大量利润。

你的潜在“可通行道路”是什么？

在花费了数月或数年的时间来构建一家企业、一个职业机构、一个组织或一个网站之后，你必须能使以下资产中的一项或多项产生出“杠杆效应”来为自己提供额外的回报：

- **你的顾客或客户**——除了他们，你还会想通向谁呢；
- **你的房产**——你能将其转租出去，或者利用房产来提供其他的商品或现场服务（就如同超市帮药房卖药以及帮银行开展部分金融服务一样）。除了房产，你还有其他能实现类似功能的资产吗？Macy's 百货商店设在曼哈顿哈罗德广场的旗舰店将其在第 7 大道上的建筑物用来当一块自动的广告牌，利用这个可通行道路，它每年能吸引数百万眼球的关注；
- **你的供应商**——你能否想办法向你的供应商的客户群收取费用？汽车公司的供应商如果想与某家汽车公司做生意，就必须先取得那家汽车公司的“特许标志”。那些供应商在获得了“特许标志”后，往往会利用“准许标志”的很多其他积极效应去扩展他们自己的市场机会。但汽车公司却没有向那些供应商收取相应的费用，因此，汽车公司显然是丢掉了自己一条珍贵的可通行道路；
- **你的广告**——正如很多公司采用“联合品牌”的策略一样，你可以在自己的广告词中让别的企业分享某些对其有利的宣传效应，而向那些企业收取一定的费用。你能想到类似的盈利方式吗；
- **你的关系网**——你能否利用你的人际关系网来为帮别人获得某些资源（比如，潜在的雇用信息或网络事件的操作），而向别人收取相应的费用？苏珊·斯托特伯格（Susan Stautberg）是一个成功的企业家，她在自己职业生涯的过程中成功地利用了自己所拥有的可通行道路。作为在白宫新闻发布厅以及一家公共关系机构工作过的新闻界“老手”，她成立了一家图书出版公司和一家咨询局，并以此来进一步拓展自己的人际关系。当图书出版行业在20世纪90年代中期（尤其是对于独立的出版公司来说）变得日益艰难的时候，她的事业陷入了僵局。我们建议她再次利用其可通行道路，这条可通行道路显然存在于她与各种各样能力突出、知识渊博的精英们所建立起的人际关系网之中。于是，斯托特伯格成立了名为PartnerCom的公司，专门为企业、政府及非盈利性组织提供各类咨询和建议。由于她很善于打动客户，因此，每一位和她有过接触的人都会给她介绍来更多的客户。现在，越来越多的个人（大型的组织也是如此）希望能通过发展自己的可通行道路来使自己从投资中获利，斯托特伯格无疑就是这些人中的一个典型的代表。

请记住，上面列举的可通行道路的例子都是已经成功形成了大量投资（投资的目的是为了向已知的用户提供已知的产品和服务）的案例。当你从商业思维陷阱（你自己以为深陷其中）中跳出来的时候，创造性地拓展自己的事业对于你来说不仅是可能的，更是令人欢欣鼓舞的。在这里，我们要告诫你一点：你必须通过信守并传递自己的承诺来建立起别人对你的信任，所以，对于你来说至关重要的是，你在不断利用可通行道路的过程中还必须保持并提高自身正直的品德。

第14章 购物与橄榄球比赛

从人类诞生之日开始，人类活动就几乎一直是以家庭和商业为中心。商业包含了交易、购买及出卖等一系列活动。

人类学教授告诉我们，靠捕猎和采摘为生的原始人会通过两条重要的途径去追求成功。男人会追逐等级和地位，因为那些东西能让他得到最漂亮的女人并让他在捕猎及捍卫领土等活动中成为领导；女人则专注于获取资源，以此来为家庭储存日常食物并使得自己的孩子能拥有寿命更长、身体更健康的生活。

尽管我们已经步入了一个新的太平盛世，但我们仍然下意识地被那些原始的追求所引导。从早期社会开始，社会经济已经发生了多次改变，也许，要想让我们的新经济环境同过去的生物规则相匹配，其中一种最重要方式就是通过购物来实现。

我们总是在购物

在过去几个世纪中，很多普通城镇通过商业贸易发展壮大起来。无论是在古代东方的丝绸之路，还是位于美国西部边境的那些小镇，男人和女人都被那里的商业街、露天市场以及忙碌的码头所带来的机会和资源所吸引。在世界上某些欠发达的地区，人们对商品的需求甚至更大，而且还将贸易活动的范围扩展到了那些看似不可能展开贸易活动的地点。例如，在修建“区域性的高科技监狱”来取代传统的地方监狱的过程中，除了通信系统与供水、排水系统外，首先需要在监狱附近修建的就是诸如沃尔玛之类的零售商店。

今天，各种各样的店铺无处不见。毫无疑问的是，如果这些商店不能持续发展以顺应消费者不断变化的期望，那么，商店的供大于求将导致严重的社会问题。若是那样的问题真的发生了，零售业将会产生巨大的震动，传统的商店将会致力于在“成本控制”和“消费者满意度”等方面下工夫。大型的折扣店和批发商将繁荣起来，但它们所承担的代价是：它们会慢慢转变为具有过渡性质的零售商。

“自由决定的购物”与当前的新兴生活方式有关。随着时间的推移，不断向前发展的生活方式也改变着人们的购物方式。位于旧金山或纽约的某家商店那精致的装饰和布置会让你感觉好像走进了某个人的家里，这使得你非常乐意在那里购买家具、服装以及其他一些附属商品，也愿意在那里享用美餐。以个人消费者为目标对象的移动商业和移动信息则进一步改变了我们的购物方式。

即使是在医疗保健行业，美国人也在不断改变着其购买方式。现在，美国人每年会在各种可供选择的医疗保健项目上花掉300亿美元。尽管遭到很多医学组织的强烈反对，医疗保健行业竞争仍然愈演愈烈。包括医院在内的所有医疗保健企业都在拼命抢夺病人（客户）和收入。制药公司每年在电视广告上的投入会超过20亿美元。在1991年，只有1种处方药被公开向公众做广告，现在，这个数字已经超过了50。

从捕猎及采摘社会到现在，我们已经改变了太多。购物已经不再是一项必须快速完成的实际任务了。在接下来的每个世纪中，购物将成为一种展现“我是谁”和“我如何生活”的方式，它包含了娱乐、冒险以及情感上的报答。

美国以及美国人是21世纪购物社会的先驱。未来社会的一个指示器就是人们展示自己地位的方式。例如，他们不会再仅仅以参加些引人注目的文化活动来显示自己的地位。而乡镇和城市也不再仅仅依靠其物理资产（港口、河流及矿产资源等）来闻名于天下。人们需要技术和适于居住的地点，还需要新潮的环境。所有这一切都意味着，咖啡馆、文化的多样性以及购物方式等要素在保持人口集中等方面发挥着重要的作用。

在过去，男人更多的是扮演这商人和行业协会成员的角色，但在今天，他们将和女人一样，成为平等的购买者。当今的经济使员工对老板的忠诚度遭到了削弱，因此，男人往往通过他们购买的物品（无论是电子产品、汽车、娱乐）或投资的风险资本来显示自己的身份和地位。这些行为的目的与以前那些把稀有的长毛象买回家、从敌人手中买来最珍贵的战利品或是在郊区买一座最大的房子的人的想法是完全一样的。为房屋改良而花钱已经成为了一种主流的消费方式，甚至是在（我们的咨询公司）这里，来花钱购买建议的男人和女人数量也几乎相等。

即使是反唯物主义者也会有购买行为。他们也许不买任何实物，但可能会去体验逛商店的感受，或花钱去了解事情的原因；也许你不能把运动款多功能车卖给他们，但你也许能卖给他们混合动力车、（有助于冥想的）磁带或是音乐会的门票。

这些现象使得我们不禁想对各种商业机构（这些商业机构总是在寻找消费者需求的市场）做一番研究。作为后农业时代留下的产物，当代商业在现代历史的篇章中占据了重要的地位。在整条时间线上（当代商业的整个持续期），一部分时间已经流逝，但还剩有更多的时间等待着我们去把握。如果将整个当代商业时期看做是一场 60 分钟的橄榄球赛的话，那么，我们今天所熟知的发达的市场经济，只不过还仅仅处于这场球赛的前 10 分钟而已。在当今竞争激烈的环境中，各种不同的策略可以被划分为若干个档次。为了解释这些策略的划分，让我们用一个比喻（橄榄球比赛中的 10 分钟）来说明这个问题。

第 1 档进攻

你是一个商人。在这场橄榄球比赛中，你现在是攻方，正准备向对手发起进攻。这仅仅是比赛的第 1 节，也是你发起的第 1 档进攻。对于你以及其他所有的产品和服务提供商来说，第 1 档进攻的策略包含了以下一种或几种要素的组合：**价格、质量、购物的便利程度以及产品种类的搭配**。今天，所有的生意都是以此来起步的。如果你在上述的任何一项要素中都不具有竞争力，你将会立刻在这场球赛中输给对手。所以，你不得不集中精力令你的产品或服务拥有优良的质量及适宜的价格、为顾客提供更多购物的便利和各种灵活的选择。至少拥有上述这些要素中的一种，你才有可能成功。当然，若是能拥有两种以上的要素，结果会更好。

但问题在于，你的竞争对手正在努力加强防守以对抗你发起的攻势。

价格战

Linux 是一个**免费**的操作系统，它很快就将成为 UNIX（一种开放式的多用户操作系统。同微软的 Windows 操作系统相比，UNIX 是另一个极端，因为微软的操作系统总是保持私人拥有，不支持多用户）的头号版本；网络公司不再只提供基于网页的服务，而更多地通过网站来销售产品或通过广告来盈利；尽管制药公司为其生产的处方药四处做广告，但各类保健计划的推出还是在不断降低普通药物的价格；靠自主品牌打天下的小企业一直以来都必须与那些国际知名的大品牌［如凯洛格（Kellogg）和纳贝斯克（Nabisco）等］进行竞争以获得一丝狭小的生存空间，低廉的价格是它们竞争的惟一工具；超市中的货物标价通常比其他类型的知名店铺便宜 10%～24%，即使是这样，超市赚取的利润却往往比那些店铺要高出 25%；短线交易者每日的成交额在纳斯达克股票交易市场每日交易总额中占到了 12%，这给那些大的市商带来了压力，使其不得不调整策略，因此，短线交易者的增多为投资者挽回了数亿美元的损失；各种信息、内容（比如音乐）的数字式分布，使得盗版行为（在未得到授权的情况下免费下载信息）无处不见；公用能源的管制被解除，使得原来那些占有垄断地位的公司也不得不为留住老顾客和争取新用户而拼命竞争，于是，最低价格开始侵蚀垄断价格；甚至那些低收入人群的居住区（几乎没有零售商在那些地区以高价出售商品，而且，每年投入的 850 亿美元成本还不一定能收回）现在在那些具有低价供应链的商家眼中也成为极具市场吸引力的对象。

发达的交通运输系统以及便利快捷的因特网使得消费者在全球范围内进行比较性购买成为可能。在英国，整个国家的各种商品和服务（从小轿车到超市中的商品）都不得不靠降价来应对竞争。网络技术的发展，使得全球任何地方的消费者都能够通过在因特网上进行比较或在线拍卖的方式来找到某项商品的全球最低价。25 年之内，企业和个人将习惯性地使用**可移动的智能秘书**来帮助自己完成网上购物或在线谈判等工作。科学家们做了一个实验来仿真未来（即将到来）的数字市场，结果发现，“计算机时代的经济”退化成为恶性的价格竞争以及市场冲突。目前，消费者在应对零售商时变得越来越灵活、自由，他们会先到零售商店中去亲眼看、挑选并试用、了解商品，然后再回家通过因特网以最低的价格进行在线订货。

最低成本既有可能使企业获得成功，也有可能毁掉一家企业（因为过低的成本会导致市场门槛更低，这意味着会有更多新的竞争者加入）。除了像沃尔玛（其超大的企业规模以及超高效率的采购系统能够保证它以较低的价格出售商品并从中获取利润）这样的企业外，对其他一般公司来说，以最低成本为基础的竞争是一种短命的危险游戏。在一段时间内，最低成本看上去似乎能保证你有足够的利润，因此，企业都力求在整个价值链和产品链的各个环节中都削减成本，从而使自己能以最低的产品价格来争夺消费者。这样做的最终结果是，各个竞争者将彼此的优势都扼杀了，因而每个商家都只能赚得很少的利润。

衡量公司价值的新方式总是在不断地出现，其中，经济附加值（EVA）和市场附加值（MVA）这两种最新的公司价值衡量方式正在吸引越来越多的首席执行官、财务经理和企业分析师。有趣的是，在诸如通用电气（GE）、可口可乐（Coca-Cola）、宝洁（Procter & Gamble）、菲利普·莫里斯公司（Philip Morris）、百时美施贵宝（Bristol-Myers Squibb）、微软、英特尔（Intel）、埃克森（Exxon）以及辉瑞制药公司（Pfizer）等这些在各自领域占有最大市场份额的大企业中，却没有一家是以最低成本为基础来参与市场竞争的。

加利福尼亚大学伯克利分校的经济学教授 J·布拉德福德·德朗（J. Bradford Delong）认为，当前经济呈现出一种全新的局面，因为，在技术革新的推动下，企业具有能永无休止地降低成本的潜力。企业希望通过成本的一再降低，来赚取利润，同时，它们还希望**学习曲线**能发挥效应，使其在接下来的一年中成本更低。

产品质量、产品种类的搭配及购物的便利程度等方面的竞争

未来，**货物一经售出概不退换**的情况将变得不再那么重要。消费者

会更多地期望商家有绝对的质量保证，而如果产品真的出现了质量问题，消费者将会索求补偿。因此，如果企业想在市场竞争中获得长期的成功，保证出色的质量是一个必须要满足的条件。由于质量控制技术发展迅速，大多数时候，我们很难仅仅依靠产品质量来区分不同企业的优劣。

在产品种类的搭配方面，零售商们［比如，美国的玩具零售商以及易趣公司（eBay）等］已经开始了激烈的竞争。在同一个产品分类中，参与竞争的公司比以往任何时候都要多，这也为顾客在产品的搭配上有了更多的选择。就办公用品这个种类的产品来说，其提供者就有欧迪办公用品公司（Office Depot）、史泰博公司（Staple）和沃尔玛等等；在家居建材方面，其提供者有家得宝（Home Depot）、Lowe's 和沃尔玛特等等；当然，消费者在面临塔吉特（Target）、宜家（Ikea）和西尔斯（Sears）等公司时，仍然可以在同样的产品分类中通过产品目录册或因特网进行平等的选择。

就**购物的便利程度**而言，产品几乎无处不在。技术的发展使你几乎可以在任何地方轻易购得你想要的商品——你可以点一下鼠标（网上购买）、去专卖店或跨区的商业中心、通过产品目录册进行选购或者进行电话购物。在这里，真正能够区分不同公司提供的购物便利程度的东西并非是购物的渠道，而是公司将货物送达消费者手中所耗费的时间。这也意味着，对手会有防守措施来应对你所发起的第 1 档进攻（价格、质量、产品种类的搭配、购物的便利程度）。因此，现在的商家都不可能像以前那样在橄榄球赛的第 1 档进攻中就轻松地使自己推进几码。接下来，我们将介绍第 2 档进攻的策略。

第 2 档进攻

在大多数的例子中，第 2 档进攻的策略就是产品的个性化以及根据用户的需求来实现产品定制。顾客不仅可以定制产品和服务本身，还可以定制各类附属品以及产品或服务的交付环境。

有时候，产品定制可以在第 1 档进攻中使用。例如，当你驱车 30 英里找到一家旅馆后，你发现，这家饭菜普通、服务一般的旅馆却要价极高，因为它所在的地点位于方圆 40 英里以内最浪漫的地方。如果方圆 40 英里以内还有其他很多浪漫的地方，那么，这家旅馆就难以逃脱其提供低劣服务应承受的惩罚，那也将迫使其提供更好的服务来满足顾客的基本需要。

如果做得好的话，产品定制将会是一个非常有用的进攻策略。但大多数时候，企业在产品定制方面做得很差。早在 20 世纪 70 年代早期，我们就曾为一家保险行业的集团公司做过一项名为**趋势分析程序**的有关未来发展的研究。那时正是电子邮件刚刚兴起的时候，计算机技术也正在使个性化成为可能。商家开始使用计算机技术及电子邮件来向消费者宣传市场信息并推销自己的产品，其目的是使市场信息的接收者感觉好像商家是在当面向他（或她）介绍商品似的。我们当中的某个人就曾经收到了一封来自美国《新闻周刊》（*Newsweek*）的邮件，信中介绍了一项名为“Mrs. Trend A. Program”的服务。信中说到：“Mrs. Program 有着明确的目标提供对象，它并不会被提供给每个人。我们相信，你（以及整个集团）都会受益于这项高度目标化的服务。”

30 年过去了，面对各种各样的销售方式，我们并没有感到个性化和产品定制有何特殊之处。当宠物狗也开始享受“首选客户”的信用卡服务、老年人选择性地定购《父母》杂志（所有的这一切服务都看上去都像在满足他们的特殊需求）的时候，你就会明白，为什么有那么多人会对当今社会表示不满。另一方面，商家通过虚拟实境或者交互式的购物服务来使顾客购买到完全合身的服装、厂商根据用户自己的选择来为其生产自行车或小轿车、涂料厂商根据用户的自身喜好来搭配不同的色彩等现象都表明，现在商家正以各种方式积极满足着用户的个性化需求。尽管如此，在每个种类的商品之中，竞争变得更加激励。进一步讲，产品定制在一段时间内也许会成为决定企业是否更具竞争力的区分器，但最终，当大量企业都采用产品定制这种进攻策略的时候，其价格也将被不断拉低。因此，防守再一次有效地抵抗了你的进攻。在这场橄榄球赛中，你仍然不能在第 2 档的攻势中前进几码。

第 3 档进攻

现在到了你发起第 3 档攻势的时候。大多数时候，这一档进攻的策略是利用你的声誉。声誉不仅涉及你的产品或服务的质量，而且还涉及你的供货系统的整体状况；当然，企业与消费者的价值观是否一致也影响着企业的声誉；还有一些其他的因素也同样重要，比如，企业在广大公众眼中的形象就是一个重要的考虑因素。在一个发达的、文明的社会里，如果将企业的声誉作为第 1 档攻势，其结果也许会不错。但那样的情况通常不大可能会发生，顾客总是会首先考虑自己的切身利益，然后才会考虑商家的公民身份。

声誉就像冰块一样，它需要很长的时间才能结冰并成形，但只要温度升高 1 度，它就会立刻遭到毁灭。因此，企业的负面名声（如雇用童工、采取不道德的商业行为、散布虚假消息等等）给商家带来的消极影响要远远大于正面的声誉为企业带来的好处。随着更多产品和服务的提供商开展相关营销（通常指企业参与社会公益性赞助活动以获取良好口碑的营销方式，比如，保护环境、为治疗乳房癌的科学研究提供赞助、支持教育事业等等）以及提升企业自身形象的活动（比如，将企业定义为每个普通家庭的好朋友、支持女性和少数民族、提倡道德感和伦理观等等），防守一方也在不断抵抗着你的攻势。矛盾之处在于，尽管我们必须得用企业的声誉去展开攻势，但是，让顾客们端坐下来、注意到我们在声誉方面所下的工夫并以声誉为基础来挑选商家正变成一项越来越困难的任务。因此，在这场橄榄球赛的较量中，想用这条策略来使前进足够多的码数并获得“达阵”得分的机会将比以往任何时候都更加困难。

第 4 档进攻

现在，我们将展开第 4 档进攻。在这一档进攻中采取何种策略主要取决于商家对自身所处的球场位置的感觉。如果商家坚信自己现在正处于一个很糟糕的场地位置（也就是说，在自己的 25 码线上），那么，在比赛的这个时候，商家往往会采取**弃踢**的策略。这样做的最终结果就是，商家将球交到了对方手中使对方成为攻方，而成为防守一方的自己则只能组织防守。

在这个充满市场竞争的世界里，上述做法主要表达了这么一种思想："我决定放弃了。我已经尝试过了各种方式，但毫无用处。我对自己现在所处的境地感觉很不好，所以，让我做点不利于其他竞争者的事吧，且看看他们会如何应对。我将利用我所有的能量，争取在接下来的比赛中全力阻击对手。如果他们（我的竞争者）能应付自如，那么，我将学习他们的策略，从而使自己有希望在下一次的比赛中有更好的表现。"这样的话听起来似乎很熟悉，因为，在这个竞争如此激烈的市场环境中，我们看到了太多弃踢的现象出现。看上去，似乎大多数的商家都认为自己在比赛中处于相当不利的场地位置。

某些商家则更自信一些，其眼光也更高明一些。他们坚信自己的潜力，并认为自己正处于竞争对手的 30 码线上，因此，他们在第 4 档进攻中的目的就是要力争**射门得分**。如果成功，他们的记分牌上将会增添 3 分，那将有可能使他们赢下最终的比赛。他们会将球抛起来，然后向对方球门踢去（这意味着，为了能获得顾客，他们将予其竞争对手展开面对面的争夺）。同样的，在商业社会里，这种策略可以被解释为成立合资公司、战略联盟、兼并或收购其竞争对手。这样的策略也许会使企业在今天赢下比赛，但却不能保证企业的长期成功。

然而，如果商家认为自己处在一个非常好的场地位置（也就是说，在离对方的极阵只有 3 码的位置）时，显然，第 4 节比赛的策略将是力争达阵得分——赢得所有的消费者、令人信服地拿下这场比赛。这是最困难的一个选择，因为带球向前冲会遭遇到非常严厉的防守。这就是为什么第 4 档进攻中的策略是所有策略中执行起来最艰苦的（尽管成功后的奖赏会非常丰厚）。在商业世界中，什么事情是最难以处理的？企业与顾客之间的关系。企业必须与顾客建立真正良好的关系。

商人们以及企业的管理者们都在哀叹：顾客对企业的忠诚度正在严重地减弱。但在今天，忠诚度同其他任何事物一样，都是暂时的。它不是上天给你的，你必须每天都重新去争取。在当今（及今后）的市场环境中，任何企业都将如同海明威（Hemingway）笔下的那个老渔夫一样，拼命从其他掠食者口中抢鱼。现在，问题出现了：你应该如何去吸引顾客并使他们不会轻易地被其他竞争者所抢走？

很多（如果不是所有的）企业会天真地以为，它们是在进行“关系营销”，因为它们总是在频繁地使用“关系”这个词。如果你深入这个商业世界并问问人们：“哪些人和你们有‘真正的’关系？”你得到的答案将是：配偶、同事、家庭成员、朋友、邻居、一同去教堂做礼拜的人、医生、酒吧间的男招待以及理发师等等。再进一步问问：“与上述每个人的关系之间有什么共同之处么？”很多人的回答将是：信任。但这样的答案并非正确，因为在现实中，很多人并不信任自己的配偶或同事。

所有“真正的”关系只有一样共同之处——退出的障碍。换句话说，如果这是一种真正的关系，那么，失去这种关系将使你付出代价。这就是为什么有些人到了另一个城市之后会不愿意理发，而是会一直等到回到了先前的城市之后再去理。“脱离自己所熟悉的理发师”对他们来说是个如此巨大的障碍，以至于他们甚至不愿在这个问题上多费脑筋。离婚、失去一个熟悉的邻居、朋友或家庭成员——所有这些事情的发生都必然伴随着一定的代价。

商学院会花很多时间教学生去理解什么是进入的障碍，但进入的障碍在现实中总是没有太大的用处。能够达阵得分的真正钥匙则是成功地应用退出的障碍。这才是真正的“关系营销”。如果顾客们不用付出任何代价就可以轻易地离开（的确，如果顾客们到其他商家去能获得更多的好处）某家企业，那么，不管这家企业如何相信自己，事实都将是：你与顾客之间根本没有建立起任何的关系。

终身人寿保险也许是“以关系为基础的产品”中一个最好的例子。当你购买了一份终身人寿保险产品，那么，在整个保险期内，你前期支付的保险金会比较多，但保险金并不会随着你年龄的增大而继续升高。在你持续支付若干年保险金后，这项产品的现金价值便会开始显现，它的价值会随着你参与这项产品的年数呈指数级的增长。这时候，你会发现，放弃继续购买这份保险的代价是非常昂贵的。因为同几年前相比，你现在的年龄又大了许多，如果要再去重新购买新的保险产品，你将不得不在那份新产品的前期又支付较多的保险金；而且，你在之前那份保险产品上已经建立起一定的现金价值，购买新产品必然会使那部分现金价值遭到损失；当然，保险公司也许还会对你再进行一次体检，这将使你面临无法通过体检的风险。终身人寿保险是一种强制性的储蓄，是一个帮助你减少风险的工具，而且还拥有近乎完美的退出障碍；另一方面，定期人寿保险则没有制造出任何的退出障碍，顾客可以根据市场状况来决定某份产品到期时是否续期。

很多与上述情况类似的业务陆续在最近涌现出来，这其中包括汽车租赁以及为经常乘坐飞机的顾客提供的航班等。但经营这些业务的企业与消费者的“关系”却是“不友善的”。有时候，用户会觉得受到了商家的欺骗；有时候，很多竞争者都提供相同的促销手段来刺激消费者，结果使得整个市场陷入混乱的竞争状态，企业也在混乱中丧失了自己的优势。

关系营销中的最佳模式也许要数“金·吉列”（King Gillette）模式。金·吉列制造了一种高质量的不锈钢剃须刀，并以较低的价格（低于其本身价值）向市场提供这种剃须刀的刀架，因为他知道，这种质量和价格的剃须刀刀架将成为令消费者难以抗拒的产品。然后，他再以合理的价格销售自己所生产的刀片。由于吉列的刀架只能搭配吉列的刀片才能发挥功效，因此，金·吉列靠刀片的销售而赚取了大量的利润。在这个例子中，顾客和商家都获得了相应的利益。购买了刀架的消费者将不得不继续购买刀片，因此，顾客存在着退出障碍，这种退出障碍使得顾客与商家之间建立了一种互惠互利的关系。

如果你通过努力能营造出这种（商家和消费者）双赢的局面，那么，作为一个市场商人，你不仅能在这场橄榄球赛中达阵得分（得6分），还将获得加分踢的机会。在这个将商业竞争比作橄榄球比赛的比喻中，你将有机会获得2个**加分踢**的机会：

第1个**加分踢**的机会是，你获得了犯一次错误的机会。如果你拥有了真正的退出障碍，与消费者之间建立了真正的关系，你将能在犯一次错误的情况下仍然能留住你的客户——大多数的公司会至少犯一次错误。在当今这个竞争高度激烈的市场环境中，拥有一次犯错的机会将是非常有价值的，因为，同留住顾客相比，获得新顾客将使企业付出更多的代价；

第 2 个**加分踢**的机会是，你获得了将多种商品或服务进行混合销售的机会。如果你与消费者建立了真正的关系，你将能较为轻松地进行混合销售，因为顾客们会倾向于相信你所说的话；相反，如果没有与顾客建立起真正的关系，那么，混合销售将会像垃圾邮件以及电话推销那样令人厌烦。对于那些生产和提供多种产品或服务的大企业来说，混合销售在其整个经营中占据了非常重要的比例。

再重复一遍，将商业竞争比作橄榄球赛是一个非常有用的比喻，它能帮助企业更好地向现代市场靠拢。第 1 档进攻中包括了价格、质量、购物的便利程度以及产品分类等内容；第 2 档进攻则是产品的个性化和产品定制；第 3 档进攻是企业的声誉；第 4 档进攻则是弃踢（放弃进攻，转而进行防守）、射门得分（企业同企业之间的策略）以及达阵得分（与消费者建立真正的关系）。

以上就是这个比喻的全部内容。老实说，它并非一个完美无缺的比喻，但它的确能帮助你更好地融入现代世界、帮助你全面看待各种商业策略、使你重视游戏运行的规则并鼓励各个企业做正确的事情。

第 15 章 “进化论”与管理

很多主流的科学家认为，学习生物学能够帮助我们深入理解很多有关商业和工程方面的知识，生物学家斯图尔特·考夫曼（Stuart Kauffman）就是其中一位持这种观点的人。我们在本书第 5 章“效率导致缺陷”中探索了其中一个方面，而生物进化论则是 21 世纪的管理实践越来越依赖的一个生物原理。基于这个原因，要想解放思想并看清未来的机构和系统，理解生物进化论成为一个非常关键的技巧。

生物进化论是一个非常崭新的理论，是科技时代的产物。关于上帝、人性以及个体等方面的观点都出现在生物进化论之前。它在整个（或部分）生物学中的正确性不是我们在这里要讨论的问题，但它的有效性在马具的演变和盈利的过程中却是非常的明显。

简而言之，生物进化论是以自然选择为基础的，更通俗（但并非完全准确）地讲就是适者生存。它有两个主要的构成因素：

- **生殖差异**：生物体繁殖的后代中，大多数都能存活下来，而不会立即死去；
- **性别选择**：物种的大部分后代都将由那些更大、更强壮、更聪明、颜色更加鲜艳的个体繁殖出来，因为那些个体看上去是更具吸引力的配偶。我们能够通过基因工程或杂交技术等人工的手段达到上述目的。近亲繁殖则会导致后代变得孱弱。

间断平衡论的出现，在进化论领域引起了新的争论。间断平衡论认为，突然发生的某个事件——比如，自然灾害（一场危机）或生物物种的突变（一种新物种），会创造出某种新的物种。如果这个新物种能够适应外在的环境，那么，它将继续生存下去；否则，它将很快灭亡。珊瑚礁就是一个关于这方面的例子。在世界上很多存在珊瑚礁的地方，某些适应能力不强的珊瑚物种（甚至是整片珊瑚礁）死于人类倾倒的垃圾和污染物。而在其他一些地区，很多不同的物种却能在碎片和残骸中兴旺发达。

现在，进化论方面的范例被看做是渐进式管理的支柱。对于很多成功的公司来说，管理方式总是在渐进式地向前发展，但整个发展过程却极大地加快了。技术的进步使得规章制度、产品、服务和组织系统等要素能够在各个企业之间进行快速地“繁殖”和杂交。而不同要素之间杂交所带来的产物就是更加新颖的规章制度、产品、服务和组织系统。与其坐以待毙，等着这些新的变化来将自己原有的那些产品、服务等要素打败，还不如选择间断平衡论，让自己也快速变化为适应竞争的个体。这里，“适者生存”的法则再一次发挥了作用。

放眼全球，规章制度的杂交正在不断地加速。社会学家爱德华·O·威尔逊（Edward O. Wilson）把这种现象称之为**一致性**——由于某种联系而形成知识上的相互融合，比如，化学物理学、物理化学、分子遗传学、化学生态学以及生态遗传学等等。

规章制度的杂交将有助于我们获得“生态效率”（即用最少的资源办最多的事）。它将使企业从一个索取资源、利用资源来制造产品并浪费资源的系统转变为一个集经济观、环境观和伦理道德观于一身的集合体。现在，全球都接受这样一种观点，大自然的效率本来可以更高，但现在还没有达到那样高的**效率**。当下一次工业革命到来后，科学技术的杂交将有可能使废弃物成为人类的食品而不再是有害物。

随着我们更加深入 21 世纪，进化论将继续促进工业及科技应用的发展。一伙来自丹麦的科学家在 2002 年声称，他们已经使用一种基因算法（通过**进化**的过程）研制出了一种硬度非常高的金属合金。他们按一定的算法将若干种不同的物质进行**杂交**，并反复修改各种物质的用量、置换物质搭配的顺序，以得到最合适的新物质。最终，在经过了 45 代的演变和进化之后，这种新的金属终于诞生。

新自然

在过去，看上去显得很自然的形象会在别人心中留下不错的印象。为了使自己的形象也达到那样的效果，很多公司还不惜为此花费大量的金钱。然而，在今天（以及将来）会很自然的形象正在经历着一系列的变化。**自然与技术**（以前的观念认为，这两种是相互对立、冲突的）的结合为“新自然”的产生铺平了道路。

案例 1：生物圈中的杂交现象

詹姆斯·拉夫洛克（James Lovelock）提出的“盖娅理论”认为，地球是一个超级的生命有机体，它身上有很多生理系统，这些生理系统在共同合作以保证这个生命有机体处于健康的状态。

由海藻类植物释放出的二甲基硫化物被认为是一种经过长期进化和演变而来的、能够控制地球温度和气候的物质。这使得气象学不仅是一门物理科学，而且也属于生物科学。哥伦比亚大学（Columbia University）最近成立了一个地球研究学会，他们认为，地球存在的问题是综合性的问题，研究地球科学必须把生物学和社会学的知识都考虑进来。现在，全球性的水资源危机正处于萌芽状态之中，它必将威胁到全球大量人群的生存。要寻求解决水资源危机的办法，就必须对各种科学技术（环境污染控制技术、灌溉技术、混合肥料的利用、资源的循环利用、市场营销、脱盐技术、农业科技以及能源技术）进行杂交。很多科学家提出了“海水农业”，其含义是，在陆地上种植能够吸收盐分的农作物，这样，农民就可以用直接从海洋中抽来的海水去灌溉那些农作物。对于全球淡水资源缺乏以及粮食缺乏等问题来说，“海水农业”也许是一种可行的解决办法。

美国科学院（Academy of Science）在其 1991 年发布的一份报告中号召各科研机构展开对**地球工程学**的研究。地球工程学涉及的内容包括对蚊虫数量的控制、对下水道设备的清理以及对树木和能源的控制等等，它类似于一种工业生态学，能部分抵消“温室效应”所带来的中断平衡。能对未来的环境状况起到关键作用的科学技术有**农业遗传学**和**生物处理技术**，其中，农业遗传学将遗传工程与农作物的种植技术结合在一起，而生物处理技术则是通过专门设计的微生物来“繁衍”出对环境有益的化学物质和生物产品（比如，药物、酶以及蛋白质等等）。随着组织培养技术的发展，我们可以在巨大的细菌培养箱中培育出各种粮食和纤维。这意味着，同当前的农业生产相比，我们只需要花上很少的代价就能够实现室内种植。5 年之内，农民将有可能种植出天然带色的棉花，从而不用再为棉花的染色而耗费成本。那些经过了“基因修正”的农作物产出的粮食将更加健康、更富有营养——至少很多科学家都这么认为。我们也没必要再用针头来为儿童注射牛痘疫苗，因为他们完全可以通过食用香蕉的方法来获得牛痘疫苗。对牛肉细胞的克隆能使我们在获得更多牛肉的同时却不用饲养或屠杀更多的牛群。

即使有这么多潜在的好处，人类在对生物进化进行干预的过程中仍然会遇到很多的阻碍，因为很多人担心，那样做会导致一些难以预料的后果。既然两极端会赋予中间部分更多的信息（见本书第 4 章），那么，在干预大自然的过程中偶尔遇到一些障碍完全是意料之中的事情。尽管如此，人类对生物进化的干预将是未来的主流趋势，是无法阻挡的。

案例 2：医疗、社会服务的管理

计算机语言也在不断地演变。原先为了适应网络应用而发展起来的超文本链接标示语言已经无法满足当前的需要了，因此，它被可扩展标识语言所取代。可扩展标识语言是一种“元语言”，是用来为其他软件语言提供运行规则的一套语言。它使得数据具有可搜索性和可延展性，让数据可以创造出更多的“子数据”。例如，为了找到最好治疗方法，医院会汇聚所有的信息，在成千上万个病人的记录中搜索疾病的种类及成功的医疗手段。同样，医疗保健行业的投资者们也正在寻找一种“元规则”，以测试其投资的成功可能性。现在，各个医院之间也展开了相互的合作，那些拥有不同专长的人员聚在一起，形成了一个“跨规则、跨纪律”的职业团队。

为了使教育大纲能实现最佳的效果，教育部门的管理者们同样需要使用杂交技术。他们必须将教育计划的各个方面都结合起来，从而使最终的教育大纲既要保证有高标准的教学水准，又要保证有严格的纪律要求。

案例3：电信管理

技术的进步降低了新竞争者进入电信行业的成本和障碍，这些新的竞争者正在不断改变着那些传统的电信公司（有线电视的运营商、通信软件制造商、银行、自来水公司、铁路公司等等）。现在，不同行业的企业（比如，旅馆或广告代理商）都会提供一些通信服务来作为其他主要服务的一项附带业务。

通信卫星技术及光纤技术发展、射频频谱的无限扩大、半导体（硅、锗）技术的进步、数字处理器方面的突破性进展以及通信软件技术的成熟……所有这些技术之间的杂交能够繁殖出更加先进的电信后代。这些技术结合在一起，使得数据能够在电力传输线中以超过每秒钟1兆位的速率进行传播。网络技术的应用已经导致了现代商业的突变。现在，小公司也可能会有能力挑战那些曾经的行业“巨头”，而大型的公司则会开始抢夺一些微型的市场（以前，只有当地的小公司会在意这部分市场）以适应更激烈的竞争。日本的电子巨头（比如，索尼、松下等）在那些新的市场争夺者（它们拥有最精密的芯片和功能强大的软件）面前正不断丧失着自己原有的优势，这和IBM在20世纪90年代将大量市场份额拱手让给英特尔公司和微软公司的事实如出一辙。将来，在电子技术的帮助下，所有的设备都将演变成各种专业电脑的后代。

很多公司和商学院正在通过卫星传播技术向企业经理们提供交互式的培训课程。现在，很多大学和企业一样，都正在逐渐演变成电信机构。消费者甚至能在自动取款机上购买股票。

那些处理各种交易（比如，抵押贷款、共同基金等等）的专家们正越来越多地将那些设置在办公大楼或银行分支机构内的视频会议厅当作自己的好帮手。在20世纪90年代中期，美国摩根大通银行建造了连接纽约、中国香港、卢森堡和东京这四大金融中心的全球交易网络。这套通过卫星技术连接起来的网络系统价值1亿3千万美元。IBOS（Interbank Online System，银行间在线交易系统）是另一项伟大的计划，它准备用一套光纤网络系统将全球500家银行及成千上万家分支机构连接起来。

新技术将给电信服务领域带来更为巨大的发展。以“nano”为前缀的英文单词意味着十亿分之一。单词“nanometer”就表示十亿分之一米，“nanosecond”表示十亿分之一秒，而“nanotechnology”表示十亿分之一的技术这将会为所有形式的进化发展提供动力。现在，科学家们正在研制十亿分之一的生产制造，这种策略能使机器设备和材料通过“分子的自我装配”技术来复制出和自身一模一样的设备或材料；科学家们同样还在研制一些具有新型功能的芯片，在一定的通信和计算设备的辅助下，这些芯片能够相互激活，并自动进行通信。量子计算技术的进步，能将光线的脉冲转变为新型的信息载体；智能材料（具有自我修复能力、能激活“惰性”物质）的诞生，使得门、地板以及天花板等各种物体都能散发出美妙的音乐；网络通信和计算技术与生物技术结合在一起，能模仿人类大脑和脊髓的功能；在某些物质中嵌入光纤，能使其转变成具有感应功能、能提供通信信号的特殊材料；将无线射频识别技术设备放在产品（比如，服装产品）上能使消费者随时与产品的制造商或零售商保持联系，也能为商家提供有用的市场信息（当然，这也可能会侵犯到消费者的隐私）。

我们正在快速接近这样一个新的时代，在这个时代中，你将无法再找出一家典型的传统意义上的电信企业。电信行业中现存的竞争者面临着越来越多的竞争，很多竞争方式都是通过网络连接技术和数据分布技术的发展演变而来的。当前的电信企业在21世纪中将变成什么样子呢？其他行业的企业和机构又将会对电信行业产生怎样的影响呢？既然我们将未来经济认定为“通信”经济，那么，理解电信行业管理规则的演变将是至关重要的事情。

案例4：生物技术

沿着技术进化的道路，你可以预见，各种各样不同行业（肥皂、化妆品、生猪饲养、食物、能源、医疗保健以及家庭顾问等）的公司在以后将会以某种方式汇集到一起。结果，生物技术将同信息技术一样（甚至超过信息技术）成为市场和你生命中最主要的力量。

随着海藻制氢技术的发展，海底的微生物也许能成为新的能源来源；随着微生物能源技术以及遗传工程技术的进步，你将看到，更多的能源公司会走上孟山都公司（Monsanto）公司的道路并涉足农业和克隆技术。

生物传感器将被越来越多地嵌入到人们日常所穿的服装之中或直接被制造成可佩戴的物品；当然，电脑也同样如此。生物传感器能利用十亿分之一技术来检测人体内细胞的运行状况，它同样还能在人体出现生物或化学冲突的时候发出警报。它给我们带来了一个生物计算环境，这个环境能解译生物信号、监控人的体温、健康状态以及行为并给人类提供健康护理。现在，机器人技术在外科手术中被广泛应用，将来，这项技术还将被推广到其他各种形式的健康护理之中。

随着美国及全球其他很多地方的老龄化问题越来越严重，那些与老龄化问题相关（尤其是拥有能改善老龄化状况的能力）的公司将经历大面积的技术杂交。克隆技术和遗传学图谱将有助于我们解开那些导致人类变老的基因之谜。以遗传学图谱为基础的新型科技合作将把人类行为学、老龄化问题以及药物学等各个领域的专家聚集在一起。一个人的基因类型在他出生以前就能够被科学家所掌握，同时，科学家们还能将很多专业知识编写进相应的软件程序之中，并利用该软件来管理和控制该人体的健康状况。

科学家也正在对人体在青少年期的大脑和荷尔蒙发育进行更多的研究。例如，研究者们正在编辑一幅完整的儿科神经系统图（这将是世界上第一个关于“大脑正常发育”方面的数据库），在这项历时 6 年的工作结束后，人们将能够通过互联网浏览到这幅图。通过生物技术和计算机技术的结合，科学家们在对人体进行完全的仿真方面取得了长远的进步——一个虚拟的人被制造了出来。当然，仿真出这个虚拟的人体的目的纯粹是为了在生存环境、心理健康以及人类行为等方面进行科学分析。

生物技术正越来越多地渗入到农业生产当中：与农作物枯萎病的抗

性品系有关的研究正在快速地发展；基因的修正技术（比如，对稻米的基因进行的修改）不仅能大大提高农作物的产量，而且还能减少“温室效应”所带来的全球气温升高现象。随着我们在食物和人体健康等方面研究的日益深入，将来，我们在农作物身上还会看到哪些变化呢？也许，巧克力在将来会变成对人类心脏有益的食品吧（噢，万岁！）。抑郁症已经成为了备受全球关注的健康问题，而某些具有缓解抑郁症功能的食品（比如，巧克力）与人的饮食习惯之间又有着一定的联系，因此，农业方面的生物科技研究将直接与人类健康状况的管理挂上钩。对动物进行克隆和基因修正的最初目的是为了获取更多的肉类食物，现在，这些研究的目的已经延伸到替换人类的器官、药物的生产甚至还可以为人们还原其心爱的宠物。

正如我们在前面所说的那样，人类正处在电信技术和计算机技术的汇合点上，任何公司都会发现，自己正在融合各种不同的技术和业务。同样，那些现在还与生物技术不搭边儿的企业将会发现，各种技术和业务的杂交将会把它们（直接地或间接地）推向生物科技领域。

关于直接涉足生物科技领域的例子有：

- 食品零售商进入健康护理领域；
- 食品制造商涉足生物传感器领域的各个方面，包括：空气清新剂、消费者健康、适应消费者的基因类型的冰箱以及对环境中的农业化学物所展开的追踪等等；
- 包含了药物计量表和计量过程的珠宝；
- 食品与制药业相结合、化妆品与制药业相结合、用胰岛素和抗生素来促进家畜的饲养以及健身俱乐部、体育锻炼器材和能够显示人体基因状况的测试程序等等。

只是间接地涉及了生物科技的例子有：

- 对生物科技领域进行投资的金融财政部门；
- 大力宣传生物技术的探索和应用的（新近涌现出来的）新型杂志；
- 以生活方式和治疗方式来区分不同顾客的基因类型功效的保险公司；
- 利用人类脑部功能的知识开发出的教育软件；

- 以刑事案件和民事案件中的生理防卫为基础起草的法律条款；
- 以自然排列为基础的宗教产品市场；
- 以生物科技为主题的电视栏目。

在接下来的几年里，化妆品公司将变得更像生物科技公司，而从事自动控制行业的公司则将更多地涉足生物传感器、生物控制论（人/机接口）以及生物能源领域。在生物科技时代，通用汽车公司（GM）不仅会生产经过了基因修正的食品，而且还会生产具有生态环保功能的汽车。不论你是司机或是乘客，这种具有生物环保功能的汽车都能更加确保你的安全和健康，因为它提供的生态环境能与人体的生理节奏、荷尔蒙分泌平衡以及脑电波格式相匹配。商业出版公司将发现，与生物科技相关的企业正在与信息科技企业展开全方位的竞争（从自身经营的业务到做广告的手段），因此，广告商们也必须在生物科技领域中发挥自己的特长和创造力。在生物科技时代，保险公司必须对各种保险业务的风险做出重新的评估；时事通讯的出版商会根据人们在生理、心理以及生活方式等方面的区别，发掘出拥有独特基因类型的读者市场；咨询公司将发现，生物科技将是最有利可图的新领域。

简而言之，正如信息科技曾经带给我们的影响那样，任何公司都不可避免地会被纳入生物科技的进化过程中。当前的公司会发现，它们将被即将到来的各种技术的杂交彻底改变。

案例5：人类进化的管理

遗传工程像一辆不断加速的列车，正在与人类的“染色体组”进行赛跑。遗传工程的发展将导致各种各样的可能性，比如，我们也许能够干预人体特征的自然选择。研究者们正在促使树干细胞进行自我复制（只复制自己而不会转变为其他任何物质）；另外一些科学家则寻求其他的方法使树干细胞能转换成身体其他部位所需要的物质。这些研究都将极大促进遗传工程和人体克隆技术的发展，**智人**也将被**现代基因**所代替；一些研究者期望在未来几年内能够利用那些没有生命的化学物质在试管中制造出新的生命来；科学家们还在实验室中培育出了原始的微生物，这项技术意味着人类在操纵自然界的能力方面又取得了巨大的进步；研究者们还在不断探索构成一个活的生命有机体所需的遗传因子的最小数量，这使得我们对生物学和进化论的理解又实现了一次大的飞跃。

通过对鲜活的细胞进行深入的研究，科学家们已经逐渐掌握了蕴藏在细胞衰老过程中的秘密，因此，我们在将来的某天也许能阻止人体变老，甚至颠倒人体的生长过程；科学家们还在不断获取（一个神经元接一个神经元）将大脑图像绘制出来的能力，这项能力将有可能使我们在将来能把人脑中存储的信息下载出来（或者，把外部信息写入人脑）；人类身份的识别在将来会以容量无限大的"脑力档案"为基础，而不会仅仅依靠表面的生理特征来识别。

我们正处于进化过程中一个非常关键的时点上，在这个时点上，整个物种领域（动物、人类、机器）是混杂在一起的。例如，当前，很多人针对"人类与巨人猿之间的相似性"进行了热烈的讨论，而讨论的结果导致某些人声称，巨人猿应该被赋予某些人类才能享有的合法权利。哲学家彼得·辛格（Peter Singer）将这种观点又向前推进了一步，他认为，如果你否认巨人猿的合法权利，就意味着你同样也否认了有智力障碍的儿童的合法权利。

新型超级电脑的出现以及计算机对人脑的模拟技术的发展可以算得上是物种领域中的一个极端。现在的计算机能在 1 秒钟之内完成 10 万亿次运算，而速度更快的计算机还在不断研发之中。科学家们还在加紧开发以超级电脑为基础的大型生物计算机（有柚子树那么大），这类被称为"人类大脑"的计算机具有实时的图像处理、语音识别以及逻辑干预等方面的能力。科学家们还用特定的数据为这类生物计算机进行了 DNA 的编码。

在主流的计算机科学都对智能电脑这个概念感到满意的同时，人们却依然没有为下面这个问题找到答案：将来，计算机会变得越来越像人类，还是人类会变得越来越像计算机？贾罗恩·拉尼尔（Jaron Lanier）提出了这么一种可能性：计算机将会是继人类之后的下一个物种。他观察到，医学、神经学、计算机科学、遗传学以及生物学看上去都在（各自地或共同地）逐步将人类抛弃。

雷蒙德·库兹维尔（Raymond Kurzweil）提出了几种关于绘制人

脑图像的几种可能性。其中一种可能性就是，设计出一种神经网，使其能像人脑一样工作；另外一种可能性就是对大脑进行扫描，并把其中的信息下载到计算机里，然后让计算机根据那些信息再重新构建出一个大脑来。库兹维尔推测，人类的知识能够被存储在某个内部数据库当中；他也认为，死亡将不复存在；他还相信，在将来，人的身份识别将依赖于人脑中的脑力档案。因此，人类将变得更像是一套软件系统而非硬件。有些人已经将人类称之为软件了。

2002 年，科学家们在一只小白鼠的大脑里安置了 3 个电极，并由此创造出了所谓的“遥控老鼠”。通过敲击键盘来发送命令，科学家们能够让老鼠做出弯曲身体、转弯以及跳跃等动作。如果要创造出一个“遥控人”，需要在人脑中安放多少个电极呢？这些科学技术的进化和演变正在给我们带来一些值得深思的问题：不同的机器之间能互相兼容吗？机器与人类能兼容吗？我们已经知道当软件不兼容的时候会发生什么事情，也明白人与人之间不兼容时的情况，那么，让我们来想象一下下面这种情况吧，当“聪明的”人类机器与“蠢笨的”人类（或“蠢笨的”人类机器与“聪明的”人类、“聪明的”人类机器与“蠢笨的”人类机器……以此类推）发生交流的时候，你如何控制这些复杂的局面呢？

进化论的一个更具诱惑力的应用当属软件技术的快速发展。软件工程师们正在把各种软件技术进行杂交，从而将软件技术中优秀的部分最大化，并淘汰掉软件中的不良部分。这种“非自然”的选择就是为了创造出最合适的软件程序。

瑞典的科学家们最近开发出了一套新的软件程序，它能让一个安装有翅膀的机器人学会自己飞行。这套程序会随机地向机器人发出拍动翅膀的指令，内置在机器人体内的动作探测器接到指令后会发回反馈信号，该反馈信号能让程序识别出哪些指令能最好地完成“翅膀的上举”这个动作。这些被识别出的最佳指令会结合在一起并繁衍出下一代的指令（结合了上一代指令的所有优点）。这个步骤会重复若干遍（或者说，经历若干代），直到机器人从这些指令中找到了最佳的“举起翅膀”的方法。

计算机哈尔（Hal）是导演斯坦利·库布里克（Stanley Kubrick）

于2001年执导的经典电影《太空漫游》（*A Space Odyssey*）中的一个角色。这个有着人类长相的智能计算机已经成为了当前计算机控制时代流行文化的象征。如果人类机器的控制程序中有自我防卫的指令，那么，这些人类机器将会不惜一切代价（甚至牺牲他人的性命）来保护自己。最终的结果将是，我们会比以往更需要遗传工程，因为这是人类能继续领先于机器的惟一途径。于是，我们在支持生物科技的基础上又得出了一个结论：如果不在生物进化方面取得进步，人类将沦为一个濒危物种。

在21世纪末之前，**遥控人**将变得和今天那些做了心脏移植手术的人一样平常。大约10个美国人当中就有1个人的身体上拥有“人造部位”——起搏器、除纤维颤动器、人造的心脏瓣膜或是人造的膝关节等。根据《连线》（*Wired*）杂志的观点，不久以后，人体的任何部位（不管是大腿还是肝脏）都可以用人造的物质来取代。随着越来越多的人做角膜移植手术、使用人造的假肢或在脑部植入芯片等，人类也越来越多地呈现出机器人的特征。如果将这些技术与时间序列结合起来，我们还有可能改变生命的时间顺序。完全的“虚拟实境”技术与无线上网技术的结合，将在各个方面（比如，你想找回以前放错位置的某个物品，或是梦想着与某个人一起出现在音乐会现场）改变你的生活。虚拟实境技术会自然地与**时间生物学**（你的身体对时间和季节的感应）结合在一起，从而改变你对事物的感觉、你的时间观念以及其他事情的结果。

当人类染色体组的初级图在2001年被公布于众的时候，人类基因组国家研究所（National Human Genome Institute）的主管弗朗西斯·S·科林斯（Francis S. Collins）说道：“我们是首次看到人类‘指令书’的人，在此之前，只有上帝看到过。”这句话的语气中既包含了人性又带有一丝傲慢，这种语气正反映出了我们的矛盾心理：在即将面临这么多新事物的时候，我们既感到困惑、恐惧又抱有一些希望。物理学家史蒂芬·霍金（Stephen Hawking）认为，“基因组学”这门新的遗传科学将大大缩短生物进化的过程。

适者生存

杂交现象正在成为推动各种前沿技术发展的引擎。在这个充满无情竞争的年代里，每一个组织都不能确切知道自己会在何时何地遭遇竞争。20 年前，很多银行陷入了困境，因为诸如通用金融公司（GE capital）和富达投资公司（Fidelity Investment）之类的意料之外的竞争者抢走了它们大量的市场份额。如今，银行再次令人惊讶地遭遇挫折，因为百货公司和杂货店正在逐渐侵入他们的领地。杂交现象愈演愈烈的情况说明，传统形式的竞争已经不能胜任了，企业必须寻求更合适的竞争手段。

在之前的年代里，事物的稳定性导致**按事件来改变节奏**成为事物变化的主要特征，其含义是：事物具有稳定性，它不会自己发生变化，除非有特殊事件的发生来促使事物发生变化。但现在，新技术的发展和激烈的竞争导致了持续的中断平衡现象，使得事物变化的新规律成为**按时间来改变节奏**——凯瑟琳·艾森哈特（Kathleen Eisenhardt）和肖纳·布朗（Shona Brown）于 1998 年在《哈佛商业评论》上发表的一篇文章中首次提出了这个概念。“按时间来改变节奏”意味着我们不能只等待特殊事件的发生，而应该自己去创造出新的节奏，并利用新的节奏去强化自己的实力。美国的 Netscape 公司每 6 个月就会推出一款新产品，英特尔公司每 9 个月就会生产出一种新设备。通过制造中断平衡的方式来管理公司的运作，将给企业带来更强大的竞争力。

随着竞争的日益激烈以及事物节奏的持续加快，越来越多的企业发现，它们不能仅仅只跟着市场走，还必须做更多的工作以保证自己能时刻跑在竞争对手的前面。

用进化论的原理来对组织机构进行管理要求组织的领导必须有先见之明，有能够预见未来的崭新方法。任何组织（企业、非营利性组织、政府机关、学校甚至慈善家团体）都必须使自己成为事物进化的助推器，而采取消极等待的策略只会给自己带来难以承受的损失。

例如，化妆品公司丝芙兰（Sephora）的 CEO 迈伦·厄尔曼三世（Myron Ullman III）认为，“零售业不会是一成不变的”。于是，他将艺术与化妆品、大型商店销售等概念融合在一起，创造出了全新的销售模式，使丝芙兰的专卖店不仅是一个销售场所，更成为一个供顾客参观、漫游和探索美丽的乐园。丝芙兰也因此而成为化妆品行业的领跑者。Mercato允许那些在网上购物的大量消费者将其购买请求汇集到一起，用团体购买的方式来达到省钱的目的。这也逐渐成为了因特网上的一种新趋势——**买方垄断**，其含义就是：大量消费者聚集在一起，形成一股强大的买方力量，从而对市场施加影响。美国Adobe公司（著名的图形图像和排版软件的生产商）设计了一套“孵化器”程序，它能够把那些还处于初步设计阶段的产品和创意用最快的速度推向市场。美国联合包裹运输公司（UPS）在数字时代来临时开展了电子商务，使自己从一个传统的物流企业转变为数字物流企业。电子商务的开展，使美国联合包裹运输公司不仅能更好地对自己的各种资源和优势进行杂交，还能使自己为顾客开发出更多有创意的服务。惠普公司和英特尔公司都设立了风险资本，用于对其他一些有创新观念的公司进行投资。通过这样的方式，惠普和英特尔能够吸收更多的新创意、新技术，从而避免公司内部技术同系繁殖所带来的缺陷。

在服务顾客这个方面，企业越来越多地利用先进技术来区分出最佳顾客。同其他消费者相比，这部分最佳顾客处于更加有利的地位，因为他们总是能享受到企业为其提供的最多奖赏和最优质服务。传统的经验告诉我们，科学技术的发展将导致贫富的两极分化，而对于“最适合顾客”（fittest customer）的认定则将在企业的成功中发挥重要的作用。现在，80∶20规则（80％的利润都是由20％的顾客创造的）可能会带给那20％的顾客（最佳顾客）更多的优势，而令另外80％的顾客处于更加被动的地位。

外包业务的繁荣使企业在制定策略的时候会越来越多地将全球劳动力考虑在内。劳动力的全球流动将不再只局限于专业技术人员和适用于特殊目的的劳工身上，哪儿有工作、有项目，全球各地的劳动力就会流向哪儿，因此，不同国家之间的就业统计数据也就不再具有太多相关性。随着全球移民现象的增多，世界各地会涌现出很多新的社会团体，而这些新的社会团体又会促成各类“行业协会”的诞生。在21世纪中，各类团体、协会都将相互杂交，从而催生出各种复杂的从属关系。

下一个重要的管理工具

对于那些拥有多部门、多功能的组织来说，“按时间来改变节奏”的观念（按预定的时间间隔有意识地对组织进行重组、再造或转变）将有可能成为一个越来越重要的管理工具。为了使自己能更具竞争力并在市场竞争中存活下去，各个组织机构必须建立起多学科的研究团队、使用外包战略、建立更多新颖的联盟并将各种好的解决办法融合到一起。从人力资源的角度来看，企业应该每隔 2 年就得有意识地对自己手下的员工进行重新的评估和考察；从盈利性的角度来看，“风险多样化”将是企业成功的惟一途径。

现在，管理经常被看做是组织机构的控制系统和控制流程。当今世界将我们置于一个快速进化（如果还不具有革命性变化的话）的环境中，而我们对这样的世界也会越来越满意。对于任何组织及其人员来说，管理将更多地成为企业发展的加速器，同时，它还将是我们评价企业成果的工具。

我们还将发现，指引未来的先例会变得越来越少，因为事物总是在不断变化、更新。变异（毫不费力地改变形状和特征的能力）将不再是非正常的现象，而会成为事物发展的完美体现。

要想靠传统的市场研究方法来获取信息将变得越来越困难。现在，消费者们的各种需求和渴望总是交织在一起的，他们还总是从媒体那里接收到各种各样相互冲突的信息，因此，消费者的需求会像天气一样快速、随意地变化。通过资源、信息的杂交演变而来的新技术将使市场研究更为有效。在某些案例中，随着大脑映射技术的进步，我们能够直截了当地深入到他人的内心世界里去寻找问题的答案，因此，传统的那些调查研究方法将会完全消失在这个世界上。

人力资源管理同样需要新的流程和方法。企业必须以控制技术为基础，不断对人力资源的中级管理进行创新。对于年轻的员工来说，他们很热衷于频繁地更换工作。在他们眼里，每一份工作都是下一份工作的踏脚石。随着工作经验的增多，他们对生存和成功所抱的期望就越高。

企业还必须选择合适的企业文化，并使灵活性成为其文化的主要特点。企业面临的一个关键问题将是如何把灵活性与企业传统结合起来，以建立一个充满凝聚力的实体。也许，惟一不变的常量将是企业的先见之明。要想拥有先见之明，企业必须使自己在各项活动中不断地保持进化、发展。

用进化论模型来指导管理工作的方式将我们引入了一个新的时代。在这个新时代中，我们必须要学会如何顺应趋势去发展。人、组织以及社会都不得不高速、有效地运转，因为当今的各种事物进化、演变得如此之快，以至于各种变化最终发展成一场革命。进化的浪潮正在向社会、经济以及你个人生活的各个方面蔓延。明白了这个道理，你将能打开你的思维，以更清醒的头脑去面对无限世界中的各种可能性以及各种不断涌现出来的机会。进化论这个比喻是一个非常有用的思维方法，它不仅为你提供了进行创造性思维及创造性行为的基础，还能使你远离将明天简单地视为今天的延续这样的思维陷阱。

第 16 章 自我打败与自我实现

现在，你完全明白了，如果不把那些困扰我们的“脑力累赘”抛掉，人们总是会倾向于用现在已知的事实去推导未来。通常，那样做（用现在已知的事实去推导未来）的结果往往是［马克·吐温（Mark Twain）所写的那样］：“我们总想从不重要的投资（当前的现实）中去获取丰厚的回报（猜想未来）。”但有的人却不能展望到完全不同的未来。经常出现在这一类人身上的情况是，他们所做的预言要么会成为**自我实现**，要么就成为**自我打败**（这取决于他们如何表达自己的观点）。他们是具有改变未来能力的一类人——他们既能促成某些情况发生，也能阻止某些事情发生。

案例 1：奥威尔与盖茨

在关于自我打败的预言方面，乔治·奥威尔（George Orwell）给了我们一个完美的例子。在其著名小说《1984》（该小说写于 1948 年，并于 1949 年出版）中，奥威尔以令人恐怖的手法向我们展示了一个凄惨的、令人难以承受的未来社会。在那个笼罩在专制统治下的社会中，所有的信息和通信都受到政府严厉的控制，人们没有任何言论和思维的自由。奥威尔的预言本来就有可能成为现实，历史也本应该按照他所预测的轨迹发展。但他预言的“老大哥”形象是如此令人厌烦，以至于立法机构和监管机构都采取行动来阻止那种情况（奥威尔所担心的情况，即“老大哥”进行专治统治的现象）的发生。奥威尔通过书中的一个人物就让我们对未来可能发生的恶果有了明确的认识和高度的重视，这在相当大的程度上保护了我们，让我们能提前采取措施来避免人的自由和独立遭受到独裁的统治。

另一方面，比尔·盖茨则在自我实现的预言方面给我们提供了一个好的例子。当他预见到计算机将会在未来统治人们的生活时，那时所有的现象都表明，他是错误的。那时候，美国正步入一个充满无情竞争的年代，人们在每件事情上都有着多重选择，这包括多方向的技术、更高的顾客期望、对各种接口的质量和简便性的要求以及工作与生活之间的平衡（这种需求最先是体现在那些在硅谷奋斗的人希望穿便装工作以及他们对生活质量的追求上面）等等。

但比尔·盖茨是一个有坚定信念的人，他将自己那看似不可能的预言变为了现实。他总能找到市场上其他产品的漏洞，并以此来战胜比自己强大的竞争对手。他带领手下的员工奋战在 24/7（每天 24 小时中，至少工作 7 小时以上）的艰苦环境中，通过不断地创新并抢占先机，终于将竞争对手强行逐出了市场。比尔·盖茨的例子向我们展示了聪明才智、专注、决心以及冷酷无情等品质如何让一个人将看似不可能发生的预言变为了现实。

但在历史发展的过程中，总是会有些中断性的事件发生。这些事件所造成的影响甚至会彻底改变历史进程。发生于 2001 年的“9·11 事件”就是一个中断性的事件。这次事件所带来的一个后果就是，它又一次使我们产生了向处于高度监控的社会发展的趋势（这证明了奥威尔的预言是部分正确的）；而针对微软公司所发起的反垄断诉讼，则证明盖茨的预言是部分错误的。

奥威尔和盖茨的例子都告诉了你这样一个道理：你不必被命运所困，你能够创造、改变自己的命运。不论好坏，那些杰出的幻想家们在过去的数千年里都一直在这样做（创造、改变命运）。他们既能抹杀掉一个文明社会，也能［在约翰·F·肯尼迪（John F. Kennedy）的例子中］将人类送上月球。然而，在经营企业这项不那么使人畏缩的任务中，那些处于领导地位的企业高管们却总是喜欢走老路，并认为现在成功的经验在将来还会给他们带来成功。结果，他们在不经意间屈服了自己的脑力累赘。

比尔·盖茨在自我打败的预言方面同样为我们提供了一个例子。在1998年，他将自己公司的命运之签投向了因特网，并声称，网络能够实现“无摩擦的商业交易”（即买方与卖方之间没有任何的中介物）。他鼓励所有人都上网并利用因特网来实现交易，并把因特网比作“49年人”（1849年，加州淘金热爆发，那些淘金者被称作“49年人”）所经历的淘金热。但这次的结果却是，使用新的（或已经存在的）中介物进行交易成为很多（如果不是所有的话）商业行为的关键所在。盖茨所谓的无摩擦的商业交易却没有实现。

案例 2：政府和非政府组织

作为一个反对大政府的民主党人，比尔·克林顿在1992年成功地登上了美国总统的宝座。他发表了著名的宣言：“大政府时代已经结束了。”但他主动做的第一件事情却是试图将美国的医疗保健体系国有化。他的行为实际上进一步强化了政府的权力，防止任何挑战政府权力的情况发生，并在一些新领域中重申了政府的权威。由于其言行的自相矛盾，克林顿最初的宣言毫无疑问是一个自我打败的例子。在克林顿重申政府权威的新领域中，其中一个领域就是人们常说的“奶妈政府”（nanny government）——即要求公民都正常进食、少酗酒、戒烟并对自己的性行为负责。这一次，政府中的激进主义分子（不仅是左翼分子）再次猖獗起来。持自由主义观点的人希望政府能少管点公民卧室里的日常琐事，而多管企业会议室里经营决策；但保守派的人士却持完全相反的观念。甚至在“9·11事件”和“安然事件”发生之前，大政府都从没有真正消失过。克林顿用呼吁废除大政府的方式让大政府留存了下来。

在自我打败的预言方面，最典型的例子也许存在于生态学领域。雷切尔·卡森（Rachel Carson）在1962年出版的《沉默的春天》（*Silent Spring*）一书中预言，人类社会将来会演变为一个充斥着化学物质的有毒世界。也正是从那时候开始，人类意识到了环境保护的重要性，并从此拉开了环境保护运动的序幕。10年之后，罗马俱乐部于1972年发表了名为《增长的极限》（*Limits to Growth*）的报告，在这篇关于人类困境的报告中，大多数学者都对未来的全球环境状况表示了担忧。自18世纪末期以来［备受尊敬的托马斯·马尔萨斯（Thomas Malthus）在18世纪末期曾对人类的生存状况发表过悲观的预言］，还从没有这么多的人如此关心过人类的生态环境问题。

很多有环保意识的市民通过加入塞拉俱乐部或绿色和平组织的方式来保护人类环境免受进一步的破坏。在20世纪70年代到80年代，环境保护的提倡者们成功地使环保运动得到了立法和监管方面的支持，任何污染环境的行为都将受到相应的惩罚。美国政府成立了美国环保总署（U.S. Environmental Protection Agency），同时还规定，任何企业或组织在开展某个项目之前，都必须要评价该项目对环境的影响。在欧洲，“绿党”也正在扮演着越来越重要的角色。

在20世纪90年代，**预防原则**的出现将全球的环境保护运动推向顶峰。预防原则意味着，各国必须采取必要的预防性措施来保护环境，应提前估算出环境污染的程度以及受污染一方所能接受的最低限度。

传统的英国普通法中**不可避免的无知**原则认为，如果你的确没有弄清某件事情的能力（或可能性），你就不必为在这件事情上的无知而承担责任。而预防原则的出现，则使得不可避免的无知这条原则不再有效。因此，决策者在做决定前必须对所有可能给环境带来的风险有一个充分的认识。随着科技（尤其是新技术）的不断发展，我们是有可能完成这项工作（提前预测到风险）的。

于是，到底发生了什么事情呢？卡森及罗马俱乐部的悲观预言（人类环境在将来会是一场灾难）实际上是帮助我们成功地避免了灾难的发生。我们并没有耗尽所有的自然资源，现在的空气和淡水也足够干净，水污染及空气污染的现象比30年前少了很多。根据联合国的最新统计数据，全球的人口增长率近年来已经下降了很多。据联合国最新的估计，到2050年以前，全球人口总量将不会超过80亿。我们有能力为全人类提供充足的清洁能源；不仅如此，我们在开发更清洁的能源资源（比如氢能源、风能源以及燃料电池等等）方面的前景比任何人在10年前或20年前所猜测的都要好。正如肯尼思·阿罗（Kenneth Arrow）和拉里·吉尔德尔（Larry Guilder）这两位杰出的经济学家建议的那样，在互相理解和接受的基础上，环境保护主义者和市场商人的利益正在逐渐趋于一致。双方应携手共同发展，在保证经济增长的同时保护好我们的自然资本（环境）。

如果没有当初那些令人恐怖的（在后来发展成为了自我打败的结果）预言，那么，任何关于环境保护方面的现象（水资源及空气质量的改善、清洁能源技术的进步、对健康环境的经济价值的认识、人们环境保护论观点的日趋统一）都不会发生。

案例 3：你的身体和意识

美国的健康保险也为我们提供了一个关于自我打败方面的例子。人们相信，健康保险不仅能帮助他们支付医疗保健方面的费用（当然，得确保医生和医院能从中获得收入），同时还是一个控制（花费在医疗保健方面的）成本的好途径。公正的保险公司及无私的理赔经理将保证客户所交纳的保险费用不会毫无理由地上涨。毕竟，保险公司正是依靠成本的下降获取利润的。

从某种程度上来说，那样的情况（人们购买健康保险后，使医疗保健方面的成本得到了控制）的确发生了，这一点从医生和病人不断增加的抱怨中就能得到证实。但真正令健康保险产品的承诺最终成为自我打败的却是另一个同时发生的情况（当另外有人为你买单时，这种情况常常会发生）：人们会觉得自己没有足够的财力去支付保险金。当其他人支付了全部（或大部分）的保险金时（比如，企业老板必须为其员工交纳大部分的保险费用），这样的情况就显得更加明显。就医疗保健这个方面来说，这种趋向要比节约成本的趋向更加强烈。

心理学在很大程度上是用建立自我实现的预言方法来获得成功的。如果心理学家告诉某位妇女，她的信念是拥有 2 个孩子，那么，这位妇女就会在一生中去生育 2 个孩子——她既不会在生完一个之后就放弃要第 2 个，也不会在拥有 2 个孩子之后再去要第 3 个。如果心理学家告诉某人，他将和自己的妻子永远厮守在一起，那么，如果他相信这个预言的话，他将不大可能会结束自己的这段婚姻。

母亲们每天都会用内疚感来影响自我实现的预言，这和宗教带给我们的心理影响很相像。如果你的母亲告诉你，某种特定的行为会使你感到后悔和内疚，那么，当你做出那种特定行为的时候，你就很可能会有强烈的内疚感产生。但如果你的母亲从未给你灌输过那种观念，那么，你在做出那种特定行为的时候就不会有任何感觉。

安慰剂效应是另一个关于自我实现方面的显著例子。每年，约有20万美国人会接受膝关节内窥镜手术。据《新英格兰医学杂志》(*New England Journal of Medicine*) 在2002年报道的一项研究，所有这些手术其实都是徒劳的。休斯敦退伍军人医疗中心（Houston Veterans Affairs Medical Center）曾做过一个实验，科学家们将病人分成两组，并对其中一组病人实施了膝关节内窥镜手术，而给另一组病人服用镇静剂并在其膝盖上制作出一些小的切口（让他们相信自己已经完成了手术）。2年之后，科学家们对这两组病人的恢复情况进行了检测。在用疼痛的减少程度和更高的灵活性等指标进行比较后，科学家们发现，两组病人的恢复效果几乎完全一致。该项研究的负责人内尔达·雷（Nelda Wray）认为："安慰剂效应是撑起这个几十亿美元的产业（膝关节内窥镜手术）的全部动力。"这上面这个例子就是一个很典型的关于自我实现方面的预言——告诉他们，他们会康复起来，结果，他们就真的将康复起来了。

案例4：如何使未来的事情发生

在预测未来的时候，所有人、所有组织得到的结果并非完全一样。大部分人会等着未来发生在自己身上，而少数人则创造未来。作为咨询师，我们所面临的一个最具挑战性的任务就是将前者（等待未来发生的人）转变为后者（创造未来的人）。

1996年，我们同美国罗克维尔自动化公司（Rockwell Automation）的一些高层职员讨论未来的能源使用以及能源替代物等方面的课题。当时，我们坚信，燃料电池技术（氢能转换技术）在未来将很有发展前途。

那些高层职员们首先问了这么一个问题："在这个领域里，还有其他哪些公司对燃料电池技术感兴趣？"他们还问了这么一堆问题："当前，研发和推广燃料电池的公司数量是多少？""你们估计燃料电池在整个能源市场中能占到多少份额?”这些问题我们一个也回答不了——其中有些问题根本就无法找出答案。

我们问这些高层职员们:“谁是罗克维尔公司中负责发起燃料电池计划的人?”在场的人不是摇头,就是在瞎猜,根本就没有一个明确的答案。我们向这些高层管理者们透露了一个即将召开的关于燃料电池技术的会议的消息。他们表示,也许会派几个人去参加那个会议。但我们建议,在场的所有人都应该去参加会议。若只有一个人去参加那个会议,除非他是 CEO,否则,那个人在会议上所获得的能量不会对公司的决策产生任何效果,因为能量在没有足够多支持的情况下是会逐渐消散的(见本书第 7 章“平均信息量”)。但是,如果企业中有足够多的关键人物都能去参加那个会议的话,那么,公司的经营决策必将受到积极的影响(见本书第 9 章“大数定理”)。

最终,罗克维尔公司派出了包括工程师以及财务主管在内的 15 名人员去参加了那个会议。回来之后,他们都对燃料电池技术产生了极大的热情,并主动对公司中的其他员工进行了燃料电池技术方面的培训。最终,罗克维尔公司成立了一个新部门来专门从事燃料电池技术方面的工作,并为该部门指定了一名经理。

罗克维尔公司没有消极地等待、观察,而是选择了自我实现的预言。它为自己创造了一个改变能源未来的机会,并成功地使自己从中获利。那一次,我们成功了。但对于作为咨询师的我们来说,说服别人并使之相信自己的确拥有创新能力将始终是一项艰巨的挑战——尤其是当别人一开口就问“其他哪些人正在做这件事情?”以及“做这件事的人的数量是多少?”等问题的时候。

随着个人、企业以及社会都倾向于对未来的变化进行提前判断和展望,你也将更多地看见、听到或读到各种各样的预测。本书所写的内容就是要告诉你,如何才能从“未来只不过是在模仿今天”这样的思维陷阱中摆脱出来。现在,你的思维已经解放开来,并且你还拥有了能清楚看到未来可能性的各种工具,那么,最后一课将是简单但令人激动的——勇敢地去预见未来吧。如果你不喜欢自己所预见的未来,那么,就想办法去阻止它发生;如果你喜欢自己所预见的未来,就想让它实现并从中获利。不论你是一个大型组织中的成员、小企业的员工、普通家庭中的一员或一个平凡的社会成员，你都能够做到。

现在，未来对于你来说，是一件既可以去把握也可以去创造的东西。你不用再对当前那些持续不断的变化而心慌，相反，你能够从变化中获得能量。通过使用本书中所介绍的思维技巧，你还能从各种变化中获得巨大的收益。

本书小结

如果你想让上帝发笑，那你就用那些老套的商业格言去向他展示你的计划吧。这个充满了快速变化的时代（正如我们所生活的这个时代）里，那些正式的计划通常都是没用的东西。变化并非是导致这种现象（正式的计划通常都没用）发生的惟一原因，大多数商业计划（或个人计划）的局限性同样是一个主要的原因。

计划者通常会犯以下 3 种大错：

- 对问题的分析不够透彻；
- 没有看见大图（即背景）；
- 不能有效地将信息和行为联系在一起。

第 1 种错误不会很容易被纠正，那需要你彻底改变日常思维习惯。本书中所介绍的思维技巧能帮助你更好地进行**思考**并更有效地做事。改变自己的思维习惯是一件很困难的事情，但当今这个时代需要我们这么做。除此以外，你还必须看清并理解那些重要的因素（比如，社会趋势）。你必须看清楚这些因素的本质是什么，而不能仅仅去想象或希望它们是什么。例如，环境保护主义在其早期时候只是一项边缘运动，主流社会并没有参与其中。环境保护主义的先驱者们也仅仅是把美学作为其关注的焦点。只有当人们意识到这是一项关系到全人类健康的运动时，这项运动才成功地吸引了众多的追随者。

第 2 种错误（没有意识到大图的重要性）源于看问题的片面性（缺乏全面分析问题的能力）。这种错误能够通过有效的方法得到纠正——将事件和趋势联系起来，你将能看清事件发生的模式以及事物之间的联系，而不会只看到事物的某个单方面的极端。例如，如果你去探索一下美国年轻人的信仰和行为，你将发现他们一直以来都在苦苦寻求生命的意义。当你了解这一切后，你就会明白为什么“9·11”恐怖袭击事件的发生会激发美国年轻人的爱国主义热情。

至于第3种错误（将信息和行为联系在一起），它必须经过有意识的努力才能得到纠正。你必须不停地问自己：“如果我知道这件事对我来说意味着什么，我也想到了完成这件事情的方法，并且我认为我（或我们）能从中获利，那么，我为什么还没有采取行动呢?”很多职员（尤其是那些位于管理层的人）认为，他们之所以感到有压力，并不是因为有更多的工作要做，而是那些尚未完成的工作使他们感到有压力——他们的惰性使得自身的努力难以发挥出积极的效应。

如果你的想法对你来说很重要（并且你受雇于一家大型的组织），你应该立刻开始着手去争取其他人对你想法的支持并确认出将这些想法付诸于实践所面临的障碍。若是失败了，你还能在另外的地方再次尝试；如果你管理着一些人，你应该把所有的障碍物（官僚主义作风或其他）抛到一边，并想办法让你手下的人充分发挥各自的潜力；如果你是企业的老板，你应该让你的员工时刻留意，哪些障碍物禁锢了整个企业的创造性和革新性；如果你是个自由职业者，你必须对自己的惰性保持时刻的警惕，因为惰性会随时将出现在你面前的好机会夺走。

预期是一把钥匙

第一步，你需要获得有用的信息。那意味着，你始终得对发生在你周围的事情有清醒的认识。接下来的一步，你应该尽量去客观地理解，这些信息对你来说可能有哪些作用。你必须忘掉自己那些下意识的反应，也不要仅仅因为某些事情与你当前的想法不一致就忽略了其可能存在的重要性。如果你按照这样的步骤去思考、分析问题，你将不会对某些特殊的事件感到那么惊奇，并且能更好地对未来的变化做出预期。在当今这个充满了快速变化的世界里，对未来变化的预期将是你掌控变化的基础。因此，你（以及你的企业）将变得更加快速、敏捷、聪明，也将更有可能获得成功。

“9·11”恐怖袭击事件就是关于这方面的一个例子。这次事件的恶劣程度是令人震惊的，但这次袭击的发生却并不令人感到意外。在过去的几十年里，很多迹象都表明，类似的恐怖主义事件正在朝我们靠近。

在20世纪90年代早期，伊斯兰人与非伊斯兰人之间紧张对立的局面成为一个日益明显的事实，由宗教狂热分子所成立的恐怖组织也显著增多。具有传染性的武器（比如，生物武器）的制造变得越来越容易，因此，那种武器也更有可能被派上用场。观察家和分析家们甚至得出结论，世界正在发展成一个流动性很强、充满了不确定性的军事环境。在这个环境中，国界的划分将不再那么明显，各种冲突的本质将难以界定，而冲突的参与者也将与我们所熟悉的军事传统大相径庭。

还有一个同样明显的事实就是，愈演愈烈的人口迁移（从南方到北方、从东方到西方）现象正在导致一种潜在的、迅速蔓延的局面：那些在人口迁移中错位的、被疏远了的居民会感到自己受到了伤害，并由此产生愤怒的情绪，这使得他们很容易沦为新的恐怖主义分子。

到20世纪90年代中期，一个显而易见的事实就是，美国不再认为自己有充足的理由能避开其他恐怖主义事件。这种趋势也正是由如下这些主流的因素所造成的：

- 城市人口的集中度越来越高，这使得人们更容易受到恐怖主义事件的影响，同时，恐怖主义分子也能够更容易地招募到新成员；
- 贫富差距正在不断地扩大；
- 当今这个以电子通信为基础的社会经济体正暴露出越来越多的弱点；
- 新式武器（比如，生物化学武器）的出现，使得恐怖主义行为变得更加容易且威力也更大、更恐怖；
- 宗教、文化冲突正在全球范围内不断扩大。

非常重要的一点就是，在当今社会中，企业往往把有知识、有能力的“人”（员工）看做是自己最大的财产。因此，恐怖主义分子更有可能将“人”作为恐怖袭击的目标而不是“物”。

宗教正在成为全球范围内很多重大事件的决定性因素。的确，非宗教式的美国文化在世界各地的蔓延对很多地方的本土宗教文化形成了强烈的冲击。对于很多虔诚的宗教徒来说，美国文化是一种与自己的宗教文化格格不入的反趋势。比如，伊斯兰教就经常表明自己的反美立场。随着宗教逐渐成为人们生活中日益重要的驱动力，不同宗教文化之间那种分裂的、对立的情绪必然将充满更多的敌意、愤怒以及侵略性。

人口状况同样是文化冲突中的一个关键因素。无论是在西方国家还是在伊斯兰世界，年轻人都在不断地对宗教机构及宗教行为进行着改变。在西方，尤其是在发达国家中，很多年轻人希望在文化方面多一些包容性，而伊斯兰世界的年轻人则完全相反（他们更加极端）。我们还应该注意到，风靡南半球的基督教将同样会面临其他宗教文化的挑战。

美国国会于2002年9月所做的一项调查表明，美国实际上早就已经得到了事先警告：恐怖主义分子正在计划使用飞机作为武器来从事恐怖活动。例如，在1998年，一份来自中央情报局（CIA）的报告声称，阿拉伯恐怖主义分子正在图谋用飞机撞向美国的世贸中心（World Trade Center）；在“9·11事件”发生前至少3年，美国的情报局还收到了关于基地组织（Queda）准备对纽约和华盛顿发动恐怖袭击的报告。显然，无论是中央情报局还是联邦调查局，他们都认为这些报告是毫不可信的。这简直就是现代版本的卡珊德拉（Cassandra）式神话（我们在本书开头的时候就提到过这个神话故事）。

哪种类型的企业将获得成功？

将来，世界上将有3种类型的企业和企业家：

类型A：先进/预期型的企业和商人。他们具有超前的眼光、能先发制人，并且知道该如何准确地为自己定位；

类型B：大脑/强悍型的企业和商人。他们没有多少创新的观点，但却拥有丰富的资源和强大的持久力，能够使自己的资产承受不同的环境冲击；

类型C：毫无主见型的企业和商人。他们除了紧紧跟在其他领导者的屁股后面走之外别无其他办法，对他们来说，能勉强生存下去就是其最大的希望。

随着企业间的收购、兼并现象的日益狂热以及企业千方百计（甚至对其员工采用威逼利诱）谋求创新的这种经营理念的日益明确，类型 B 及类型 C 的企业和商人将面临极大的压力。除非他们能深刻地理解变化、懂得如何响应“变化”并愿意融入变化之中，否则，他们将毫无任何价值。

类型 A 的企业或个人通常被形容为绿芽。正如植物的绿芽在寻求阳光、水以及肥沃的土地时会遭遇诸多障碍一样，类型 A 的企业或个人面临着同样的困难：他们需要找到非正式（非传统）的新方法、新渠道来壮大自己。他们是**聪明、机警的**。他们（或他们的领导）明白，只有鼓励自主创新才能获得成功。在某种程度上，创新意味着你必须要转变传统思维。尽管对于某些人来说，改变传统的思维可能是一件可怕的事情，但是，在今天这个流动性极强、充满了不确定性的环境中，要想变得聪明、机警、有竞争力，你就必须要解放思想，并将非传统性的（创新）思维当成是一个关键的因素来对待。

共识

我们已经花了超过 70 年的时间来看待和分析趋势；我们已经深入观察了人们如何对信息和变化作出响应；我们已经知道，那些由很多人组成的委员会得出的结论大部分都是错误的，这是因为，任何委员会的背后驱动力（如果我们能这样称呼它的话）都来自于共识。共识通常会导致人们用今天发生的事情去推导未来。这种思维陷阱是阻碍我们看清未来的强大敌人。

我们已经对客户（也包括我们自己）进行了思维方面的训练，使其能摆脱传统思维模式的束缚，用不同的思维方式去独立思考问题。这不是因为我们不同意共识，有的时候，我们也对共识持赞成的态度。但我们会不断地问自己：“如果……会怎样呢？如果我们都错了，结果会是如何？如果有其他的方式来看待这个观点、其他的原因来解释这个现象或其他的手段来解决问题，那情形又会发展成什么样子呢？”通过从这些问题中去寻找答案，我们绝不会让共识阻碍自己（及我们的客户）的思维。

中国人有这样一句俗语："授之鱼不如授之渔"这本书的目的就是要教会你如何去捕鱼。你能从这本书中学会如何去解放思想，也能学到如何维持、壮大自己企业的思维方法。掌握了这些思维方法，你（以及你的企业）将会在未来那些热闹的年代里获得持久的成功。

参考书目

第 1 章　通过外星人的眼睛看世界

Armoun, Stephanie. "More Gen Xers Juggle Jobs, Parents' Care." *USA Today*, 26 April 2002.

Barack, Lauren. "Kids Take the Corner Office." *The Industry Standard*, 4 September 2000, p. 156+.

Daly, Emma. "U. N. Says Elderly Will Soon Outnumber Young for First Time." *The New York Times*, 9 *April* 2002.

DeCordoba, Jose. "As Violence Worsens, Business Leaders Flee Colombia, Venezuela." *The Wall Street Journal*, 30 August 2000.

England, Robert Stone. "The Fiscal Challenge of an Aging Industrial World." *Future Survey*, March 2002, p. 22+.

Hewitt, Paul and Robert England. "Meeting the Challenge of Global Aging: A Report to World Leaders." *Future Survey*, March 2002, p. 23.

Jeffrey, Nancy Ann. "The New-Economy Family." *The Wall Street Journal* (Weekend), 8 September 2000.

Lyall, Sarah. "For Europeans, Love, Yes; Marriage, Maybe." *The New York Times*, 24 March 2002.

Ono, Yumiko. "In Japan, to Nail a Job as a Manicurist, Take a

Trip to Long Island." *The Wall Street Journal*, 10 October 2000.

Parker-Pope, Tara. "Rise in Early Puberty Causes Parents to Ask 'When Is It Too Soon?'" *The Wall Street Journal*, 21 July 2000.

Shapiro, Joseph P. "Enjoying Life After Death." *U. S. News & World Report*, 11 September 2000, p. 76+

Suro, Roberto. "Movement at Warp Speed." *American Demographics*, August 2000, p. 61+.

Vinzant, Carol. "They Want You Back." *Fortune*, 2 October 2000, p. 271 +.

Wellner, Alison Stein. "A New Flavor in the Melting Pot." *American Demographics Forecast*, May 2002, p. 1+.

Yee, Chen May. "High Tech Life for India's Women." *The Wall Street Journal*, 1 November 2000.

Zachary, G. Pascal. "People Who Need People." *The Wall Street Journal*, 25 September 2000.

________. "Battle for Brains." *The Financial Times*, 12-13 August 2000.

________. "Making the Most of Midlife." *U. S. News & World Report*, 18 September 2000, p. 20.

________. "10 TIMES 10^{10}—What Is in a Number?" *Geneva Association Information Newsletter*, May 2000, p. 2+.

________. "A Wizened World." *American Demographics Forecast*, January 2002, p. 11.

第2章 趋势/反趋势

Alba, Richard D. "Assimilation's Quiet Tide." *The Public Interest*, Spring 1995, p. 3+.

Allen, Charlotte. "A Conservative's Lament." *UTNE Reader*, March/April 1995, p. 91+.

Anderson, Alun. "Are You a Machine of Many Parts?" *The World of 1999*, supplement of *The Economist*, p. 109+.

Bernstein, Nell. "Goin' Gangsta, Choosin' Cholita." *UTNE Reader*, March/April 1995, p. 87+.

Bernstein, Peter L. "The New Religion of Risk Management." *Harvard Business Review*, March/April 1996, p. 47+.

Bertman, Stephen. "Hyperculture—Stress." *Vital Speeches of the Day*, 15 January 1999, p. 204+.

Bovnton, Robert S. "The New Intellectuals." *The Atlantic Monthly*, March 1995, p. 53+.

Burns, Greg. "The New Economics of Food." *Business Week*, 20 May 1996, p. 78+.

Carlson, Tucker. "God Is My Campaign Manager." *The Weekly Standard*, 21 June 1999, p. 15+.

Cleland, Kim. "Ad, Promo Strategies Make New Converts." *Advertising Age*, 10 April 1995, p. 1+.

Comarow, Avery. "Not Too Young for Heart Disease." *U.S. News & World Report*, 8 March 1999, p. 74.

Concar, David. "Get Your Head Round This..." *New Scientist*, 10 April 1999, p. 20+.

Crowley, Elizabeth. "More Young People Turn Away from Politics and Concentrate Instead on Community Service." *The Wall Street Journal*, 16 June 1999.

Cushman, John H. Jr. "E. P. A. Plans Radical Change in Calculation of Cancer Risk." *The New York Times*, 16 April 1996.

Diller, Lawrence H., M. D. "Running on Ritalin: A Physician Reflects on Children, Society, and Performance in a Pill." *Future Survey*, March 1999, p. 7.

Donovan, Doug. "Angst on the Cybersofa." *Forbes*, 5 April 1999, p. 47.

Flynn, Julia. "Gap Exists Between Entrepreneurship in Europe, North America, Study Shows." *The Wall Street Journal*, 2 July 1999.

Furedi, Frank. "The Blame Game." *New Scientist*, 25 August 2001, p. 48.

Gedmin, Jeffrey. "The New Europe-Menace." *The Weekly Standard*, 29 March 1999, p. 19+.

Gitlin, Todd. "We're All Authorities." *The New York Times Book Review*, 23 May 1999.

Gladwell, Malcohn. "Dept. of Disputation: Blowup." *The New Yorker*, 22 January 1996, p. 32+.

Godschalk, David R., T. Beatly, P. Berke, and E. J. Kaiser. "Natural Hazard Mitigation: Recasting Disaster Policy and Planning." *Future Survey*, July 1999, p. 17.

Gunther, Marc. "God & Business." *Fortune*, 9 July 2001, p. 58+.

Hecht, Jeff. "Wavelength Division Multiplexing." *Technology Review*, March/April 1999, p. 72+.

Henneberger, Melinda. "Provocateur Is Back to 'Spit' on Detractors of U. S." *The New York Times*, 30 October 2001.

Heuberger, Frank and Laura Nash, "A Fatal Embrace? Assessing Holistic Trends in Resources Programs." *Future Survey*, February 1995, p. 9+.

Jones, Malcohn. "Touched by the Angels." *Newsweek*, 3 May 1999, p. 71+.

Kakutani, Michiko. "When Fluidity Replaces Maturity." *The New York Times*, 20 March 1995.

Kirwan-Taylor, Helen. "How to Spend It." *The Financial Times* magazine supplement, March 1999, p. 69+.

Koretz, Gene. "Do Large Stakes Inhibit CEO?" *Business Week*, 6 May 1996, p. 24.

Labash, Matt. "What's Wrong with Dodgeball?" *The Weekly Standard*, 25 June 2001, p. 17+.

Lardner, James. "The Urge to Splurge." *U.S. News & World Report*, 24 May 1999, p. 48+.

Leary, Warren E. "Gene Inserted in Crop Plant Is Shown to Spread to Wild." *The New York Times*, 7 March 1996.

Léger, Dimitry Elias and Felecia A. Williams. "Soul on the Edge." *The Source*, December 1998, p. 162+.

Leo, John. "Learning to Love Terrorists." *U.S. News & World Report*, 8 October 2001, p. 48.

Lippin, Richard A. "Responsible Pleasures: A Doctor's Prescription for What Ails You." *The Futurist*, June/July 1999, p. 34+.

Mayo, John S. "Information Technology for Development." *The New York Times Magazine*, 9 April 1995, p. 38.

Morris, David B. "Illness and Culture in the Postmodern Age." *Future Survey*, March 1999, p. 2.

Nash, Laura L. "How the Church Has Failed Business." *Across the Board*, July/August 2001, p. 26+.

Niebuhr, Gustav. "Protestantism Shifts Toward a New Model of How 'Church' Is Done." *The New York Times*, 29 April 1995.

Niebuhr, Gustav. "Where Religion Gets a Big Dose of Shopping-Mall Culture." *The New York Times*, 16 April 1995.

Ogden, Michael. "Politics in a Parallel Universe: Is There a Future in Cyberdemocracy?" *Future Survey*, February 1995, p. 4.

Orr, Deborah. "Damn Yankees." *Forbes*, 17 May 1999, p. 206+.

Peterson, Ivers. "Big-League Computing." *Science News*, 12 December 1998, p. 383.

Raeburn, Paul. "From Silent Spring to Barren Spring?" *Business Week*, 18 March 1996, p. 42.

Raloff, Janet. "Does Light Have a Dark Side? Nighttime

Illumination Might Elevate Cancer Risk." *Science News*, 17 October 1999, p. 248+.

Raloff, Janet. "Languishing Languages: Cultures at Risk." *Science News*, 25 February 1995, p. 117.

Richtel, Matt. "Consumers Warm to 'Free' PCs." *The New York Times*, 15 April 1999.

Roszak, Theodore. "Shakespeare Never Lost a Manuscript to a Computer Crash." *The New York Times*, 11 March 1999.

Rybczynski, Witold. "This Old House." *The New Republic*, 8 May 1995, p. 14+.

Sehifrin, Matthew and Om Malik. "Amateur Hour on Wall Street." *Forbes*, 25 January 1999, p. 82+.

Schonfeld, Erick. "Betting on the Boomers." *Fortune*, 25 December 1995, p. 78+.

Schrof, Joannie and Stacey Schultz. "Melancholy Nation." *U. S. News & World Report*, 8 March 1999, p. 56+.

Sletcher, Michael A. "Fewer of Us Are Saving 'I Do.'" *The Washington Post National Weekly Edition*, 12 July 1999.

Sunstein, Cass R. "Vanity Fair." *The New Republic*, 29 March 1999, p. 42+.

Tabor, Mary B. W. "Schools Profit from Offering Pupils for Market Research." *The New York Times*, 5 April 1999, p. AI+.

Tierney, John. "Suitable Men: Rare Species Under Study." *The New York Times*, 7 June 1999.

Uehitelle, Louis. "A Top Economist Switches His View on Productivity." *The New York Times*, 8 May 1996.

Vogelstein, Fred. "A Virtual Stock Market." *U. S. News & World Report*, 26 April 1999, p. 47+.

Walljasper, Jay. "Sustainable Extravagance." *UTNE Reader*, March/April 1999, p. 63.

Weir, Margaret. "In the Shadows." *The Brookings Review*, Spring 1995, p. 16.

Zill, Nicholas and John Robinson. "The Generation X Difference." *American Demographics*, April 1995, p. 24+.

________. "The Christian Capitalists." *U. S. News &, World Report*. 13 March 1995, p. 52+.

________. "A Civil Self-Service." *The Economist*, 1 May 1999, p. 49+.

________. "Dead Workers Society." *Across the Board*, May 1999, p. 1.

________. "Detroit Discovers the Consumer." *The Economist*, 17 February 1996, p. 61.

________. "Econo-Mix: Job Listings On-Line, *Futurific*, March 1999, p. 6+.

________. "Fire and Forget?" *The Economist*, 20 April 1996, p. 51.

________. "The Grand Illusion." *The Economist*, 5 June 1999, p. 52+.

________. "Healthy Pit Stop." *Science*, 14 May 1999, p. 1115.

________. "Hormonal Sabotage." *Natural History*, March 1996, p. 42+.

________. "How Safe Is Your Bank?" *The Economist*, 27 April 1996, p. 15+.

________. "Is Working Out Uncool?" *The Numbers News*, March 1996, p. 1+.

________. "Making Cities Safer: Good Fences..." *The Economist*, 25 March 1995, p. 30+.

________. "News from the War Against Death: 3D Crunch to Impact Drug Discovery." *Futurific*, March 1999, p. 25.

________. "Non-Profits Cash in on Names." *Happenings*, March 1995, p. 4.

________. "North America: Sales of Religious Books..." *National & International Religion Report*, 6 March 1995, p. 4.

________. "Pay Dirt." *The Economist*, 5 June 1999, p. 28.

________. "Pension Funds: Dutch Coverage." *The Economist*, 6 April 1996, p. 81.

________. "Scientists, Copying Cells, Produce Identical Sheep." *The New York Times'*, 17 March 1996.

________. "Space Inc: Breakthroughs in Aerospace." *Futurific*, March 1999, p. 10.

________. "Transport Nation: Cars." *Futurific*, March 1999, p. 14+.

________. "Who's Wearing the Trousers?" *The Economist*, 8 September 2001, p. 26+.

第3章 用螺旋代替钟摆

Beckett, Paul. "SEC Order Forces Executives to Swear by Their Names." *The Wall Street Journal*, 5 July 2002.

Belkin, Lisa. "For Women, the Price of Success." *The New York Times*, 17 March 2002.

Fisher, Daniel. *The Kondratieff Wave*. Angelfire. com, 1998.

Friedman, Elyse M., ed. "The New-Economy Almanac." *INC.—The State of Small Business in 1997*, July 1997, p. 108+.

Gardyn, Rebecca. "Animal Magnetism." *American Demographics*, May 2002, p. 30+.

Hopkins, Michael. "The State of Small Business 1997." *INC.—The State of Small Business in 1997*, July 1997, p. 11+.

Liesman, Steve. "Consumer Spending: A Sentimental Journey?" *The Wall Street Journal*, 8 April 2002.

Lyall, Sarah. "For Europeans, Love, Yes; Marriage, Maybe."

The New York Times, 24 March 2002.

Pertman, Adam. "Adoption Nation: How the Adoption Revolution is Transforming America." *Future Survey*, January 2002, p. 7.

Raspberry, William. "The Nonparent Trap?" *The Washington Post National Weekly Edition*, 6 May 2002.

Sheler, Jeffrey L. "Faith in America." *U. S. News & World Report*, 6 May 2002, p. 40+.

Tyre, Peg. "Bringing Up Adultolescents." *Newsweek*, 25 March 2002, p. 38+.

________ . *The Kondratieff Wave*. Commodity Research Bureau, 2002.

________ . "Lighting's Dark Side." *Science*, 15 February 2002, p. 1227.

第 4 章　两极端赋予中间部分更多信息

Allen, Michael. "As Dot-Coms Go Bust in U. S., Bermuda Hosts an Odd Little Boomlet." *The New York Times*, 6 January 2001, p. AI+.

Ashdown, Paul. "From Wild West to Wild Web." *Vital Speeches of the Day*, 1 September 2000, p. 699+.

Band, Jonathan. "The Copyright Paradox." *Brookings Review*, Winter 2001, p. 32+.

Barlow, John Perry. "The Next Economy of Ideas." *Wired*, October 2000, p. 240+.

Bellenson, John Lloyd. "Sensory Download." *Business 2.0*, 26 September 2000, p. 122.

Binswanger, C. K. "Gimme 20 Push-Ups—Now!" *Newsweek*, 27 October 1997, p. 54.

Brown, Arnold. "Listening to the Luddites." *USA Today*, September 2002, p. 25+.

Carnahan, Ira. "Insurance by the Minute." *Forbes*, 11 December 2000; p. 86+.

Clemetson, Lynette. "Trying to Right Mr. Wong." *Newsweek*, 31 July 2000, p. 55.

Cohen, Roger. "Germany's Shift East." *The New York Times*, 29 September 1998, p. AI+.

Coleman, Brian and Thomas Kamm. "Germany's Schroder Backs Controls." *The Wall Street Journal*, 1 October 1998, p. A16.

Defy, Mark. "Alien Nation." *Red Herring*, October 2000, p. 350+.

Dionne, E. J. Jr. "Is There Really a 'Third Way'?" *The Washington Post National Weekly Edition*, 17 August 1998, p. 28.

Drucker, Peter F. "The Next Information Revolution." *Forbes ASAP*, 24 August 1998, p. 46+.

Fox, Barry. "Patents: Where Am I?" *New Scientist*, 18 December 1997, p. 11.

Friedman, Robert I. "Red Mafiya: How the Russian Mob Has Invaded America." *Future Survey*, January 2001, p. 17.

Gates, Jeff. "Twenty-first Century Capitalism: To Humanize, Ownerize." *The Humanist*, July/August 1998, p. 9+.

Goodstein, Laurie and Sam Dillon. "Scandal Is Stirring Catholics to Push for More Power." *The New York Times*, 10 November 2002, p. 1+.

Grande, Carlos. "Dawn of the Cyberbabes." *Financial Times*, 17 August 2000, p. 10.

Harney, Alexandra. "'Japanese Men Warm to Virtual Girlfriends." *Financial Times*, 24 November 2000, p. 6.

Hatlestad, Luc. "Privacy Matters." *Red Herring*, 16 January 2001, p. 48+.

Kate, Nancy Ten. "What If... There Was One Car for Every Adult?" *American Demographics*, December 1997, p. 43+.

Katz, Michael. "Who (Gonna) Dunnit." *Forbes*, 11 December 2000, p. 216.

Kristof, Nicholas D. "Experts Question Roving Flow of Global Capital." *The New York Times*, 20 September 1998, p. 18.

Kurtz, Paul. "Beyond Humanist Manifesto II." *The Humanist*, September/October 1998, p. 25+.

Kurzweil, Ray. "Dear PC: RIP" *Business 2.0*, 26 September 2000, p. 162+.

The New York Times, 1 February 2001, p. A16.

Lake, Anthony. "6 Nightmares: Real Threats in a Dangerous World and How America Can Meet Them." *Future Survey*, January 2001, p. 5.

Lanier, Jaron. "Taking Stock: So, What's Changed in the Last Five Years?" *Wired*, January 1998, p. 60.

Le Beau, Christina. "The E-Training Evolution." *Grok*, October 2000, page 128+.

Lemmey, Tara. "Your Next Identity Crisis." *Business* 2.0, 26 September 2000, p. 180+.

Lewis, Peter H. "Spy Software Puts Home PCs Under Surveillance." *The New York Times*, 22 June 2000, p. GI+.

Lilla, Mark and Christopher Caldwell. "America's Two Revolutions." *Wilson Quarterly*, Summer 1998, p. 119+.

Manuel, Gren and Leslie Chang. "Will Language Wars Balkanize the Web?" *The Wall Street Journal*, 30 November 2000, p. A17+.

Markoff, John. "The Soul of the Ultimate Machine." *The New York Times*, 10 December 2000, p. BUI+.

Matthews, Robert. "The Ideas Machine." *New Scientist*, 20 January 2001, p. 26+.

McAfee, Andrew. "The Napsterization of B2B." *Harvard Business Review*, November/December 2000, p. 18+.

McDonough, William and Michael Braungart. "The NEXT

Industrial Revolution." *The Atlantic Monthly*, October 1998, p. 82+.

Miller, Daniel. "The Internet: An Ethnographic Approach." *Future Survey*, December 2000, p. 6.

Miller, Riel. "The Internet in 20 Years: Cyberspace, the Next Frontier?" *Future Survey*, December 2000, p. 3.

Monastersky, R. "Sizzling June Fires Up Greenhouse Debate." *Science News*, 25 July 1998, p. 52+.

Mullins, Justin. "Next-Generation Fashion." *New Scientist*, 6 January 2001, p. 12.

Munk, Nina. "Girl Power!" *Fortune*, 8 December 1997, p. 312+.

Neal, Douglas and Nicholas Morgan. "Our Data, Our Selves." *The Wilson Quarterly*, Autumn 2000, p. 51+.

Northington, Suzanne. "Tater Tots Again?" *Upside*, November 2000, p. 58.

Olson, Waiter. "Unified Kvetch Theory." *Reason*, August/September 1998, p. 64+.

Parloff, Roger. "Can We Talk?" *Fortune*, 2 September 2002, p. 102+.

Perine, Keith. "The Trouble with Regulating Hate." *The Industry Standard*, 31 July 2000, p. 94+.

Perkin, Julian. "Switched-on PCs Will Mind Your Manners." *Financial Times*, 4 October 2000, p. 1 +.

Powell, Bill and Kim Palchikoff. "Sober, Rested and Ready." *Newsweek*, 8 December 1997, p. 50+.

Purton, Peter. "Good Prognosis for Mobile Health Services." *The*

Financial Times, 20 September 2000, p. xxiv.

Raloff, J. "Estrogen's Emerging Manly Alter Ego." *Science News*, 6 December 1997, p. 356.

Rodrik, Dani. "The Global Fix. *The New Republic*, 2 November 1998, p. 17+.

Rose, Frederick. "Work Week: Is Canada Emerging?" *The Wall Street Journal*, 25 November 1997, p. 1.

Rosen, Jeffrey. "The Fall of Private Man." *The New Republic*, 12 June 2000, p. 22+.

Rosen, Jeffrey. "Here's Looking at You: Does the Supreme Court Value Privacy?" *The New Republic*, 16 October 2000, p. 24+.

Rosen, Jeffrey. "Why Privacy Matters." *The Wilson Quarterly*, Autumn 2000, p. 32+

Russell, Glenn and Bernard Holkner. "Virtual Schools." *Future Survey*, December 2000, p. 7.

Schiro, Anne-Marie. "Power Suits Fade, and Romance Comes into Focus." *The New York Times*, 18 November 1997, p. B15.

Sehuman, Michael. "Asian Governments Bid Adieu to Invisible Hand." *The Wall Street Journal*, 24 August 1998, p. A1.

Sheehy, Gail. "Beyond Virility, a New Vision." *Newsweek*, 17 November 1997, p. 69.

Shosak, Arthur B. "Organized Labor Reawakens Online." *Business 2.0*, 26 September 2000, p. 162+.

Southwick, Karen. "Physician, Wire Thyself." *Forbes ASAP*, 27 November 2000, p. 249+.

Stelzer, Irwin M. "There's No Way Like the Third Way." *The Weekly Standard*, 21 September 1998, p. 26+.

Tibbs, Hardin. "Humane Ecostructure: Can Industry Become Gaia's Friend?" *Whole Earth*, Summer 1998, p. 61+.

Turkle, Sherry. "When Toys Are Us." *Forbes ASAP*, 2 October

2000, p. 213+.

Verton, Dan. "The Threat from Within." *Business* 2.0, April 2000, p. 329+.

Wallraff, Barbara. "WHAT Global Language?" *The Atlantic Monthly*, November 2000, p. 52+.

Webb, Jeremy and Duncan Graham-Rowe. "Everything, Anywhere." *New Scientist*, 21 October 2000, p. 33+.

Weiss, Daniel Evan. "You, Robot." *The Industry Standard*, 7 August 2000, p. 168+.

________. "Bangladesh: Acid Horrors." *The Economist*, 17 January 1998, p. 35+.

________. "Complaint Department." *Y & R's Brand Futures Group*, 26 May 2000, p. 1+.

________. "Decline in Doing Home Repairs Suggests Shift in DIY Market." *The Public Pulse*, September 1997, p. 5

________. "Digital Family." *Technology Review*, January/February 2001, p. 25.

________. "Look, Ma, No Hands!" *Science News*, 13 September 1997, p. 168+.

________. "Monkeying Around with the Brain." *Newsweek*, 27 November 2000, p. 76.

________. "Mother Nature Is Striking Back." *Business Week*, 26 October 1998, p. 143.

________. "Office Supplies and E-Learning." *Futurific*, November 2000, p. 14.

________. "Police System Analyzed Every Face at Super Bowl."

________. "The Technology Review Ten." *Technology Review*, January/February 2001, p. 97+.

________. "Top Ten Trends 2001." *Red Herring*, 4 December 2000, p. 99+.

第5章 效率中蕴含着缺陷

Amato, Ivan. "Crossed Signals." *U.S. News & World Report*, 16 December 2002, p. 54+.

Crystal, Ben. "NASA's New Shuttle Designs Stolen by Hacker." *New Scientist*, 17 August 2002, p. 13.

Flicker, Barry. "Working at Warp Speed: The New Rules for Project Success in a Sped-Up World." *Future Survey*, August 2002, p. 11.

Fraser, Nicholas. "Le Divorce." *Harper's Magazine*, September 2002, p. 58+.

Grabosky, Peter, Russell Smith, and Gillian Dempsey. "Electronic Theft: Unlawful Acquisition in Cyberspace." *Future Survey*, November 2002, p. 22+

Lee, Jennifer. "Dirty Laundry, Online for All to See." *The New York Times*, 5 September 2002, GI+.

Malone, Michael S. "Welcome to Feedback Universe." *Forbes ASAP*, 7 October 2002, p. 20+.

Pontin, Mark. "Power Trouble Ahead for the Grid." *Red Herring*, September 2002, p. 27.

________. "Plumbing Revolution." *The Economist*, 16-22 November 2002, p. 71.

________. "Top of the Hacks." *New Scientist*, 24 August 2002, p. 7.

第6章 新型分配渠道的乘法效应

Comerford, Richard. "Computing." *IEEE Spectrum*, January 2000, p. 45+.

Drucker, Peter. "The Next Society." *The Economist*, 3-9 November 2001, p. after 54.

Fetto, John. "Will It Do Laundry, Too?" *Forecast*, February 2000, p. 4+.

Fukuyama, Francis. "How to Regulate Science." *The Public Interest*, Winter 2002, p. 3+.

Fulford, Benjamin. "Highly Mobile." *Forbes*, 7 February 1999, p. 113.

Hiu, Alice S. Y. et al. "An Investigation of Decision-Making Styles of Consumers in China." *The Journal of Consumer Affairs*, Winter 2001, p. 326+.

Kaufman, Jonathan. "Marketing in the Future Will Be Everywhere—Including Your Head." *The Wall Street Journal*, 1 January 2000.

Kurzweil, Ray. "The Web Within Us." *Business 2.0*, December 1999, p. 173+.

Martinez, Barbara. "Health Plan That Puts Employees in Charge of Spending Catches On." *The Wall Street Journal*, 8 January 2002.

McCartney, Nell. "Challenges Ahead as Networks Start Building the Future." *The Financial Times*, 17 January 2001.

Pinker, Steven. *How the Mind Works*. W. W. Norton &: Company, Inc., New York, NY, 1997, pp. 89-90.

Platt, Charles. "You've Got Smell!" *Wired*, November 1999, p. 256+.

Poe, Robert. "Optical Illusion." *Business* 2.0, 14 November 2000, p. 116+.

Ransdell, Eric. "Network Effects." *Fast Company*, September 1999, p. 208+.

Rosenzweig, Mark R. *Biological Psychology*. SinaverAssociates, Inc., Sunderland, MA, 1996, pp. 624-625.

Ryan, James. "Innerspaee Invaders." *Business 2.0*, October 1999, p. 225.

Walker, Leslie. "Big Business Wants a Piece of the Auction." *The Washington Post National Weekly Edition*, 30 July-12 August 2001, p. 18+.

Weber, Joseph. "The New Power Play in Health Care." *Business Week*, 28 January 2002, p. 90+.

Wolfson, Adam. "Biodemocracy in America." *The Public Interest*, Winter 2002, p. 23+.

________. "Battelle: New Millennium Strategic Technologies for the Next 20 Years." *Technology Forecasts*, December 1999, p. 1+.

________. "Busier Signals?" *Science*, 14 January 2000, p. 189.

________. "Communication Is the Name of the Game." *Futurific*, September 1999, 21+.

________. "A Dozen Millennium Forecasts from *The Futurist*." Future Times, Fall 1999, p. A6+.

________. "The Great Telecoms Crash." *The Economist*, 20 July 2002, p. 9.

________. "Industry's Switch to Digital Television." *Futurific*, September 1999, p. 24.

________. "The World in Your Pocket." *The Economist*, 9 October 1999, p. 5+ (special section).

第7章 平均信息量

Adler, Jerry and Tara Weingarten. "Mansions Off the Rack." *Newsweek*, 14 February 2000, p. 60+.

Andrews, Edmund L. "Europe Plans to Collect Tax on Some Internet Transactions." *The New York Times*, 2 March 2000.

Baum, Geoff et al. "Introducing the New Value Creation Index." *Forbes* ASAP, 3 April 2000, p. 140.

Bodenstab, Jeffrey. "An Automaker Tries the Dell Way." *The Wall Street Journal*, 30 August 1999.

Borrus, Amy and Richard S. Dunham. "Tech: The Virtual Third Party." *Business Week*, 24 April 2000, p. 74+.

Brooke, James. "Rising Tax Bills Fuel Anger in Canada." *The New York Times*, 27 February 2000.

Brooks, David. "The New Upper Class." *The Weekly Standard*, 8 May 2000, p. 21+.

Cohen, Norma. "Retailers Count the Cost of Shopping Spree." *The Financial Times*, 5 May 2000.

Corcoran, Elizabeth. "The E Gang." *Forbes*, 24 July 2000, p. 145+.

Croal, N'Gai. "The Art of Darkness." *Newsweek*, 12 June 2000, p. 48+.

Daley, Suzanne. "The Pedestal Is Cracking Under an Elite in France." *The New York Times*, 9 July 2000.

Dolan, Kerry A. "The Age of the $100 Million CEO." *Forbes*, 3 April 2000, p. 122+.

Ehrenfeld, Tom. "Intellectual Capital: Small Is Beautiful." *The Industry Standard*, 29 May 2000, p. 206+.

Eisenhardt, Kathleen M. "Survival of the Swiftest." *Red Herring*, April 2000, p. 374+.

Ewing, Jack. "Surprise, The German Greens Are Marching with Business." *Business Week*, 28 February 2000, p. 59+.

Findlay, Mark. "The Globalization of Crime: Understanding Transitional Relationships in Context." *Future Survey*, February 2000, p. 9+.

French, Howard W. "Internet Recharges Reformers in Korea." *The New York Times*, 29 February 2000.

George, Nicholas and Clare MacCarthy. "Ageing Population Brings Jobs Crisis to Scandinavia." *The Financial Times*, 11

April 2000.

Gerstner, Louis V. Jr. "Guest Commentary: Blinded by Dot-Corn Alchemy." *Business Week*, 27 March 2000, p. 40.

Hayden, Thomas. "Safaris and Sensitivity." *Newsweek*, 5 June 2000, p. 56.

Jovin, Ellen and Jennifer Lach. "Online with the Operator." *American Demographics*, February 1999, p. 36+.

Kaiser, Jocelyn, ed. "NetWatch: Free Online University?" *Science*, 24 March 2000, p. 2111+.

Kantrowitz, Barbara. "Busy Around the Clock." *Newsweek*, 17 July 2000, p. 49.

Karmin, Craig. "The Global Shareholder." *The Wall Street Journal*, 8 May 2000.

Kirsner, Scott. "Are You Experienced?" *Wired*, July 2000, p. 188+.

Koerner, Brendan I. "The Bugs in the Machine." *Wired*, August 2002, p. 27+.

Koretz, Gene. "Economic Trends: A Better Life for Our Kids." *Business Week*, 10 April 2000, p. 32.

Kruger, Pamela. "Why Johnny Can't Play." *Fast Company*, August 2000, p. 271.

Leach, William. "Country of Exiles: The Destruction of Place in American Life." *Future Survey*, February 2000, p. 8.

Levering, Robert and Milton Moskowitz. "The 100 Best Companies to Work For." *Fortune*, 10 January 2000, p. 82+.

Losco, Joseph and Brian L. Fife. "Higher Education in Transition: The Challenges of the New Millennium." *Future Survey*, February 2000, p. 18.

Montagnon, Peter and Khozem Merchant. "Virtual Banking Planned for Rural India." *The Financial Times*, 17 March 2000.

Rohwer, Jim. "Japan Goes Web Crazy." *Fortune*, 7 February 2000, p. 115+.

Sawhney, Mohanbir and Steven Kaplan. "Let's Get Vertical." *Business 2.0*, September 1999, p. 84+.

Schlegel, Jean. "Lifting the Lid Off Some Mysteries." *The Financial Times*, 17 May 2000.

Schrage, Michael. "Disruptive Teens Totally Rule." *Fortune*, 12 June 2000, p. 338.

Seybold, Patricia B. "Wrap Up Your E-Wallets for the Holidays." *Business* 2.0, September 1999, p. 58.

Sittenfeld, Curtis. "What Do Young People Want?" *Fast Company*, August 2000, p. 182.

Spindle, Bill. "Japan Becomes a Mecca for Venture Capitalists." *The Wall Street Journal*, 24 February 2000.

Spindle, Bill. "Japanese Economy Faces a Potential Bonanza as Nearly $1 Trillion in Savings Plans Mature." *The Wall Street Journal*, 24 March 2000.

Strom, Stephanie. "In Japan, Start-Up and Risk Are New Business Watchwords." *The New York Times*, 24 April 2000.

Swardson, Anne. "A Pension Crisis Looms in Europe." *The Washington Post National Weekly Edition*, 1 May 2000.

Tomkins, Richard. "Stretching a Selling Point." *The Financial Times*, 26 May 2000.

Useem, Jerry, "New Ethics... or No Ethics?" *Fortune*, 20 March 2000, p. 82+.

Wellner, Alison Stein. "The Perils of Hiring Stars." *Inc.*, August 2004, p. 31.

Winter, Greg. "Taking at the Office Reaches New Heights." *The New York Times*, 12 July 2000.

Woolley, Scott. "On-line or the Breadline." *Forbes*, 9 August

1999, p. 80.

Wysocki, Bernard Jr. "In U.S. Trade Arsenal, Brains Ontgun Brawn." *The Wall Street Journal*, 10 April 2000.

________. "A Continent on the Move." *The Economist*, 6 May 2000, p. 25+.

________. "Drucker on Financial Services." *The Economist*, 25 September 1999, p. 25+.

________. "Europe in Cyberspace." *The Economist*, 1 April 2000, p. 21+.

________. "Global Economy Makes Taxing Harder." *The Futurist*, March/April 2000, p. 11.

________. "The Heyday of the Auction." *The Economist*, 24 July 1999.

________. "India's Economy: Many Obstacles Still Ahead." *The Economist*, 4 March 2000, p. 70+.

________. "Into the Whirlwind." *The Economist*, 22 January 2000, p. 23+.

________. "The New Spain." *Y & R's Brand Futures Group* (Internet report), 17 April 2000, p. 1+.

________. "Nouveau Riche Numbers Jump." *American Demographics Forecast*, April 2000, p. 1+.

________. "Online Finance: The Virtual Threat." *The Economist*, 20 May 2000, p. 5 Survey+.

________. "Talking Trends: What's New with the World's Oldest Tradition?" *FGI Bulletin*, May 2000, p. 3

________. "The Taming of the Shrewd." *The Economist*, 6 May 2000, p. 75+.

________. "Tax-Cut Fever." *Business Week*, 6 March 2000, p. 56+.

________. "Under Pressure, China Blesses Private Sector." *The*

Wall Street Journal, 13 March 2000.

________. "US-India Business: On the Upswing." *The Economist Intelligence Unit Country Monitor*, 29 March 2000, p. 1.

________. "The World of ResidenSea." *Avenue* (Advertisement), March 2000.

第 8 章 正直带来质量

Allen, Michael. "As Dot-Coms Go Bust in U. S., Bermuda Hosts an Odd Little Boomlet." *The New York Times*, 6 January 2001.

Alsop, Ronald. "Perils of Corporate Philanthropy." *The Wall Street Journal*, 16 January 2002.

Alsop, Ronald. "Reputations Rest on Good Service." *The Wall Street Journal*, 16 January 2002.

Bradv, Diane. "Why Service Stinks." *Business Week*, 23 October 2000, p. 118+.

Carnahan, Ira. "Insurance by the Middle." *Forbes*, 11 December 2000, p. 86+.

Drucker, Peter F. "They're Not Employees, They're People." *Harvard Business Review*, February" 2002, p. 70+.

Dworkin, Ronald. "Sovereign Virtue: The Theory and Practice of Equality." *Future Survey*, July 2000, p. 20.

Grande, Carlos. "Dawn of the Cyberbabes." *The Financial Times*, 17 August 2000.

Hamilton. David P "Going Places" *The Wall Street Journal*, 11 December 200.

Hatlestad, Luc. "Privacy Matters." *Red Herring*, 16 January 2001, p. 48+.

Katz, Michael. "Who (Gonna) Dunnit." *Forbes*, 11 December 2000, p. 216.

Kolk, Ans. "Green Reporting." *Harvard Business Review*, January/February 2000, p. 15+.

Kuchinskas, Susan. "One-To- (N) one?" *Business* 2.0, 12 September 2000, p. 141+.

Le Beau, Christina. "The E-Training Evolution." *Grok*, October 2000, p. 128+.

Miller, Riel. "The Internet in 20 Years: Cyberspace, the Next Frontier?" *Future Survey*, December 2000, p. 3.

Neal, Douglas and Nicholas Morgan. "Our Data, Our Selves." *The Wilson Quarterly*, Autumn 2000, p. 51+.

Orey, Michael and Milo Geyelin. "Lawyers Find Jury Pools Polluted by Antibusiness Biases." *The Wall Street Journal*, 12 August 2002.

Rosen, Jeffrey. "Why Privacy Matters." *The Wilson Quarterly*, Autumn 2000, p. 32+.

Simons, Tony. "The High Cost of Lost Trust." *Harvard Business Beview*, September 2002, p. 18+.

Whelan, David. "Wrapped in the Flag." *American Demographics*, December 2001, p. 37+.

________. "Curse of the Ethical Executive." *The Economist*, 17 November 2001, p. 70.

第 9 章　大数定理

Balu, Rekka. "Poor People." *Fast Company*, June 2001.

Stark, P. B. *Statistics Tools for Internet and Classroom Instruction with a Graphical User Interface*. 1997-2002.

第 10 章　人口状况

Cohen, Joel E. "Human Population: The Next Half Century."

Science, 14 November 2003.

Longman, Phillip. "The Global Baby Bust." *Foreign Affairs*, May/June 2004.

Schoenfeld, Almut. "Germany Returns Generous Perks for Civil Servants." *The Wall Street Journal*, 5 April 2004.

Weiner, Edith and Arnold Brown. *Office Biology*. Master Media Ltd., 1993.

Wiseman, Paul. "No Sex, Please—We're Japanese." *USA Today*. 3 June 2004.

http://www.census.gov.

________. "Forever Young." *The Economist*, 27 March 2004.

________. "Replacement Migration: Is It a Solution to Declining and Aging Populations?" *United Nations Population Division of the Department of Economic and Social Affairs* (*DESA*), 17 March 2000.

第11章　折中VS最小公分母

Mortimer, John. "Blood Sport as Polities," *The New York Times*, 24 September 2002, p. A27.

第12章　政治议程中"三条腿的凳子"

Halstead Ted and Michael Jind *The Radical Center*: *The Future of American Politics*. Doubleday, New York. NY, 2001.

第13章　可通行道路

Freedman, Michael. "The Tort Mess." *Forbes*, 13 May 2002, p. 90+.

McCartney, Neil. "Challenges Ahead as Networks Start Building the Future." *The Financial Times*, 17 January 2001, p. 1.

Paul, Pamela. "Corporate Responsibility." *American Demographics*, May 2002, p. 24+.

Ray, Jean S. *Railroads and Telecommunications*. Baton Rouge, LA, July 1995. (This article was adapted from a legal research memorandum.)

Wingfield, Nick. "In Latest Strategy Shift, Amazon Is Offering a Home to Retailers." *The Wall Street Journal*, 24 September 2003.

________. "These Grocery-Delivery Services Might Even Do Windows." *The Wall Street Journal*, 12 February 1998, p. A1.

http://www.csmonitor.com/durable/2001/07/23/p 1 lsl.htm. Copyright 2001 *The Christian Science Monitor*.

http://www.ggrpc.com/pulicus.htm.

http://www.needham.mec.edu/high school/cur/kane98/kane p.3 immig/China/china.html.

http://www.santacruzsentinel.com/archive/2002/May/26biz/stories/01biz.htm. Copyright 1999-2002 *Santa Cruz Sentinel*.

第 14 章 购物与橄榄球赛

Balu, Rekha. "How a Pasta Maker Used Its Noodle to Whip the Giants." *The Wall Street Journal*, 9 December 1998, p. AI+.

Barnett, Megan. "Surviving the Shakeout." *The lndustry Standard*, 5 March 2001, p. 43+.

Barron, Kelly. "Suburban Flight." *Forbes*, 30 November 1998, p. 146+.

Belkin, Lisa. "Primetime Pushers.", *Mother Jones*, March/April 2001, p. 30+.

Boitano, Margaret. "Wired in West Virginia Jails (of All Places)."

Fortune, 18 December 2000, p. 68.

Croal, N'Gai. "The Little Rio Is Causing a Grand Fuss." *Newsweek*, 14 December 1998, p. 58.

Dreyfuss, Joel. "Software That Comes Cheap." *Fortune*, 9 November 1998, p. 228J.

Flynn, Julia. "Sorry, But They're Not Gonna Take It Anymore." *Business Week*, 25 January 1999, p. 64.

Fricker, Janet. "This Pill Washes Whiter." New Scientist, 31 October 1998, p. 22+.

Graham, Nick. "Selling the Tale." FGI Bulletin, December/January 1998, p. 1+.

Hamel, Gary and Jeff Sampler. "The E-Corporation." *Fortune*, 7 December 1998, p. 80+.

Joel, Kotkin, Sarah E. Moran, Matthew Jaffe, and Kevin Roderick. "Best New Places to Do Business." *The Industry Standard*, 19 February 2001, p. 74+.

Lach, Jennifer. "Focusing the Lens on Energy Users." *American Demographics*, December 1998, p. 42+.

Liebmann, Wendy. "How America Shops 2000." *Vital Speeches of the Day*, 1 October 2000, p. 753+.

Meadows, Susannah. "Kinder, Gentler Clinics." *Newsweek*, 26 February 2001, p. 52+.

Meyer, Michael. "Fast, Yes. Easy? No." *Newsweek*, 11 September 1998, p. 42+.

Mills, Mike. "Playing Fair with Retailers." *The Washington Post National Weekly Edition*, 30 November 1998, p. 23.

Naughton, Keith. "Cheap Thrills for Shoppers." *Newsweek*, 16 April 2001, p. 45.

Ody, Penelope. " New Ways to Connect with Customers on the Move." *Financial Times*, 7 March 2001, p. xvi.

Peteson, Ivars. "Agents of Cooperation." *Science News*, 2 January 1999, p. 12+.

Tanouye, Elyse. "U.S. Has Developed an Expensive Habit; Now, How to Pay for It?" *The Wall Street Journal*, 6 November 1998, p. AI+.

Tully, Shaven. "America's Greatest Wealth Creators." *Fortune*, 9 November 1998, p. 192+.

Wellner, Alison Stein. "Make Love, Not Art?" *Forecast, March* 2001, p. 1+.

Winters, Wendi. "In Focus: Smells Like Teen Spirit." *FGI Bulletin*, January 2001, p. 4.

________. "Brown Eyed Girl: Cross-Merchandising in a Unique Setting" and "The Apartment: The Feel of Home." *State of Retail*, *Tobé Report*, 4 January 2001, pp. 30-33.

________. "Predictions for 1999." *Y & R's Brand Futures Group*, *Brain Snacks* #59, 25-29 January 1999, p. 1+.

________. "10 Trends for the Post-PC World." *Red Herring*, December 1998, p. 52+.

http://www.YRBFG@aol.com. "Unique Recipes." Y & R's Brand *Futures Group*, 02 February 1999.

第15章 进化论与管理

Arnst, Catherine and John Carey. "Biotech Bodies." *Business Week*, 27 July 1998, p. 56+.

Auster, Bruce B. "The Fountain of Youth." *U.S. News & World Report*, 24 April 2000, p. 12.

Begley, Sharon. "A Gene for Genius?" *Newsweek*, 25 May 1998, p. 72.

Begley, sharon with Thomas Hayden. "How Long Can You Go?"

Newsweek, 22 February 1999, p. 50.

Bellenson, John Lloyd. "Sensory Download." *Business 2.0*, 26 September 2000, p. 122.

Benady, Susannah. "Mapping the Brain in Four Dimensions." *The Financial Times*, 10 April 2000.

Berman, Phyllis and Katherine Bruce. "Makeover at the Makeup Counter." *Forbes*, 19 April 1999, p. 82+.

Brown, Lester. "China's Water Shortage Could Shake World Food Security." *Future Survey*, July 1998, p. 17+.

Carey; John. "Playing God in the Lab." *Business Week*, 26 April 1999, p. 83+.

Chase, Bob. "Restoring the Impulse to Dream." *Vital Speeches of the Day*, 15 October 1997, p. 20+.

Dery, Mark. "Alien Nation." *Red Herring*, October 2000, p. 350+.

Dyson, Freeman. "Out of Sequence." *Red Herring*, June 1998, p. 158+.

Easterbrook, Gregg. "Hot and Not Bothered." *The New Republic*, 4 May 1998, p. 20+.

Easterbrook, Gregg. "Medical Evolution." *The New Republic*, 1 March 1999, p. 20+.

Eisenhardt, Kathleen and Shona Brown. "Time Pacing: Competing in Markets That Won't Stand Still." *Harvard Business Review*, March/April 1998, p. 177.

Eng, Sherri. "Hatching Schemes." *The Industry Standard*, 27 November-4 December 2000, p. 174+.

Enriquez, Juan and Ray Goldberg. "Transforming Life, Transforming Business: The Life-Science Revolution." *Harvard Business Review*, March/April 2000, p. 96+.

Gardyn, Rebecca. "What's on Your Mind?" *American Demo-*

graphics, April 2000, p. 31+.

Gilder, George. "Piping Hot." *Forbes ASAP*, 23 February 1998, p. 110+.

Glenn, Edward P. et al. "Irrigating Crops with Seawater," *Scientific American*, August 1998 p. 76+,

Graham-Rowe, Duncan. "Darwin Forges Fittest Metals." *New Scientist*, 6 July 2002, p. 18.

Graham-Rowe, Duncan. "Opinion Interview: God of the Norns." *New Scientist*, 1 April 2000, p. 42+.

Graham-Rowe, Duncan. "Say Hello to the RoboRat." *New Scientist*, 4 May 2002, p. 6+.

Hillis, Danny. "Massive, Parallel Supercomputers: Where They're Going." *Forbes ASAP*, 22 February 1999, p. 60+.

Hopkins, Patrick D. "Bad Copies: How Popular Media Represent Cloning as an Ethical Problem." *The Hastings Center Report*, March/April 1998, p. 6+.

Hunt, Lynn. "Send in the Clouds." *New Scientist*, 30 May 1998, p. 28+.

Kahn, Joseph. "Banking on the Unbanks." *The New York Times*, 4 February 1999.

Kornberg, Thomas B. and Mark Krasnow. "The Drosophila Genome Sequence: Implications for Biology and Medicine." *Science*, 24 March 2000, p. 2218+.

Krimsky, Sheldon. "Hormonal Chaos: The Scientific and Social Origins of the Environmental Endocrine Hypothesis." *Future Survey*, February 2000, p. 15+.

Kurzweil, Raymond. "Dear PC: RIP." *Business 2.0*, 26 September 2000, p. 162+.

Kurzweil, Raymond. "'Piece of Mind: Downloading Brains in the 21st Century:" *Forbes ASAP*, 22 February 1999, p. 79+.

Lanier, Jaron. "The Eternal Now." *Forbes ASAP*, 22 February 1999, p. 72+.

Lehmann-Haupt, Rachel. "Plug In, Start Up, Drop In." *Business 2.0*, 14 November 2000, p. 204+.

Lemmey, Tara. "Your Next Identity Crisis." *Business 2.0*, 26 September 2000, p. 180+.

Matthews, Robert. "The Ideas Machine." *New Scientist*, 20 January 2001, p. 26+.

Mayer, Caroline. "On the 800 Line: Why All Customers Aren't Treated the Same," *The Washington Post National Weekly Edition*, 3 August 1998.

McDonough, William and Michael Braungart, "The NEXT Industrial Revolution." *The Atlantic Monthly*, October 1998, p, 82+

Mitchell, William J. "e-topia: Urban Life, Jim—But Not as We Know It." *Future Survey*, February 2000, p, 7.

Moody, Glyn. "A New Dawn." *New Scientist*, 30 May 1998, p. 34+,

Motluk, Alison. "Grow Your Own." *New Scientist*, 12 February 2000, p. 25+.

Moukheiber, Zina. "Back to Nature." *Forbes*, 19 October 1998, p. 146+.

Moukheiber, Zina. "Dr. Robot." *Forbes*, 6 March 2000, p. 159+,

Mullins, Justin. "Next-Generation Fashion." *New Scientist*, 6 January 2001, p. 12+.

Munk, Nina. "The New Organization Man." *Fortune*, 16 March 1998, p. 62+.

Murrav, Matt. "'Retailers Use Legal Wrinkle to Link Sales, Bank Services." *The Wall Street Journal*, 8 February 1999.

Neff, Jeff. "It's Not Trendy Being Green." *Advertising Age*, 1

April 2000, p. 16+.

Nelson, Emily "Wal-Mart's Garth-Quake May Spur Sales." *The Wall Street Journal*, 2 November 1998.

Nowak, Rachel. "Amost Human." *New Scientist*, 13 February 1999, p. 20+.

Norman, Donald A. "The Invisible Computer: Why Good Products Can Fail, the Personal Computer Is So Comples, and Information Appliances Are the Solution." *Future Survey*, January 1999, p. 6.

Palmaffy, Tyee. "The Gold Star State: How Texas Jumped to the Head of the Class in Elementary School Achievement." *Policy Review*, March/April 1998, p. 30+.

Paras, Wilhelmina and Santha Oorjitham. "Living Without Water." *World Press Review*, August 1998, p. 39.

Pelton, Joseph N. "Telecommunications for the 21st Century." *Scientific American*, April 1998, p. 80+.

Peterson, Ivers. "Big-League Computing." *Science News*, 12 December 1998, p. 383.

Raloff, Janet. "Chocolate Hearts." *Science News*, 18 March 2000, p. 188+.

Raloff, Janet. "More Waters Test Positive for Drugs." *Science News*, 1 April 2000, p. 212.

Regalado, Antonio. "Intellectual Capital: Universities Jurnp into the Venture Game." *Technology Review*, January/February 1999, p. 25.

Roane, Kit R. "Replacement Parts." *U.S. News & World Report*, 29 July 2002, p. 54+.

Rotman, David. "The Next Bioteeh Harvest." *Technology Review*, September/October 1998, p. 34+.

Rushkoff, Douglas. "Electronic Passalongs: The New Social Currency." *Business 2.0*, 26 September 2000, p. 121+.

Sample, Ian. "Robot Learns to Fly." *New Scientist*, 17 August 2002, p. 24.

Sander, Chris. "Genomic Medicine and the Future of Health Care." *Science*, 17 March 2000, p. 1977+.

Thurm, Scott. "On the Comeback Trail." *The Wall Street Journal*, 15 June 1998.

Tibbs, Hardin. "Humane Ecostructure: Can Industry Become Gaia's Friend?" *Whole Earth*, Summer 1998, p. 61+.

Travis, J. "Cloning Extends Life of Cells—and Cows?" *Science News*, 29 April 2000, p. 279.

Veit, Howard R. "Health Care Consumerism." *Vital Speeches of the Day*, 1 July 1998, p. 562+.

Vinzant, Carol. "Electronic Books Are Coming at Last!" *Fortune*, 6 July 1998, p. 119+.

Vogel, Gretchen. "An Institute for Planet Earth." *Science*, 22 May 1998, p. 1182+.

Weiss, Daniel Evan. "You, Robot." *The Industry Standard*, 7 August 2000, p. 168+.

Weiss, Peter. "Smart Outfit." *Science News*, 20 November 1999, p. 330+.

Wilson, Edward O. "Back from Chaos." *The Atlantic Monthly*, March 1998, p. 41+.

Wishard, William Van Dusen. "What the Future Holds." *Vital Speeches of the Day*, 1 March 1999, p. 313+.

Wrong, Michela. "Monsanto Opts to Work with the Grain." *The Financial Times*, 11 April 2000.

Wn, C. "Power Plants: Algae Churn Out Hydrogen." *Science News*, 26 February 2000, p. 134.

________. "The African Connection." *The Wilson Quarterly*, Autumn 2000, p. 122+.

________. "Breakthroughs Affecting Many Disciplines Foreseen from National Nanotechnology Initiative." *Technology Forecasts*, February 2000, p. 1+.

________. "Cacao Trees Under Fungal Siege." *Science*, 14 April 2000, p. 259.

________. "Environmental Technology Forecast." *Technology Forecasts*, May 1998, p. 1+.

________. "Extrusion Processing Yields Cereals with Colon Cancer Fighting Properties." *Technology Forecasts*, October 1998, p. 11+.

________. "Filling the Bowl." New Scientist, 1 April 2000, p. 19.

________. "Getting Inside a Teen Brain." *Newsweek*, 28 February 2000, p. 58+.

________. "Hospitals Within Hospitals." *Futurific*, December 1997, p. 8.

________. "Hubris and the Human Genome." *Science*, 15 May 1998, p. 994+.

________. "Melancholy Money." *New Scientist*, 12 February 2000, p. 21.

________. "News from the War Against Death: Downloading and Eventually Duplicating Brains." *Futurific*, March 1999, p. 26.

________. "NewsWire: Reconstructing Rover." *New Scientist*, 26 February 2000, p. 5.

________. "Resistance Is Useless." *New Scientist*, 19 February 2000, p. 21.

________. "Retail Bytes: June 1999." *Y & R's Brand Futures Group* (Internet: yrbfg@aol.com), 28 June 1999, p. 1+.

________. "Switch On." *New Scientist*, 5 February 2000, p. 10.

________. "Virulent Blight." *New Scientist*, 1 April 2000, p. 5.

________. "Wearable Net Devices See Changing Human Interaction."

Future Trends, January/February 2000, p. 1 +

第 16 章　自我打败与自我实现

Meadow, Donella H., Dennis L. Meadows, and Jorgen Randers. "Beyond the Limits to Growth." In *Context Journal*. Context Institute, 1996.

________. "Knee Jerk." *U.S. News & World Report*, 22 July 2002, p. 17.

________. "A Survey of the Global Environment." *The Economist*, 6 July 2002, p. 4.

教学支持说明

Higher Education website as follows（高教品牌及网址如下）：

1. Prentice Hall *http://www.prenhall.com*
2. Addison Wesley *http://www.awl.com*
3. Benjamin Cummings *http://www.awl.com*
4. Longman *http://www.ablongman.com*
5. A&B *http://www.ablongman.com*
6. Merrill Prentice Hall *http://www.prenhall.com*

欲获取相关《教学支持资料》的教师，烦请填写如下情况调查表，以确保此教学辅导资料不被学生获得。

情况调查表如下所示：

证明

兹证明_________大学（University）________系/院（Department）______学年/学期（Term）开设的________课程，采用________出版社出版的________（英文原版，影印版或中文版）作为主要教材任课教师为______，学生____个班共____人，年级/程度（Year/Level）：______。任课教师需要与本书配套的教师指导手册。

原版书信息：

英文书名（Title）：______________________________

版次（Edition）：____________ 作者（Author）：____________ 书号（ISBN）：____________

姓名（Name）：____________ 性别（Gender）：__________ 职称（Title）：____________

电话 1（TEL）：____________ 电话 2（TEL）：____________________

传真（FAX）：____________ Mobile：____________________

E-mail 1：____________ E-mail 2：____________________

联系地址（Add）：________________________（该项请用中文填写）

邮编（Zip Code）：____________

系/院主任：____________（签字）

（系/院办公室章）

____年____月____日

请按以下办法联系培生教育北京公司（Please return this form to Pearson Education Beijing Office）

北京市中关村大街甲 59 号文化大厦 1006 室　100872

电话 1：（8610）82504008　传真：（8610）82509915　邮箱：service@pearsoned.com.cn

地址：中国北京海淀区中关村大街 59 号文化大厦 1006 室，邮编：100872（Room1006，CultureSquare No. 59 Jia，Zhongguancun Street，Haidian District，Beijing，China100872）

图书在版编目（CIP）数据

前瞻思维：如何在变化的时代清醒思考/伊迪·韦纳，阿诺德·布朗著；杨剑雄译
北京：中国人民大学出版社，2008
ISBN 978-7-300-09307-9

Ⅰ. 前…
Ⅱ. ①伊…②杨…
Ⅲ. 思维方法
Ⅳ. B804

中国版本图书馆 CIP 数据核字（2008）第 063705 号

前瞻思维：如何在变化的时代清醒思考
伊迪·韦纳
阿诺德·布朗 著
杨剑雄 译

出版发行	中国人民大学出版社		
社　址	北京中关村大街 31 号	邮政编码	100080
电　话	010－62511242（总编室）		010－62511398（质管部）
	010－82501766（邮购部）		010－62514148（门市部）
	010－62515195（发行公司）		010－62515275（盗版举报）
网　址	http://www.crup.com.cn		
	http://www.ttrnet.com(人大教研网)		
经　销	新华书店		
印　刷	河北三河市新世纪印务有限公司		
规　格	170 mm×240 mm　16 开本	版　次	2009 年 1 月第 1 版
印　张	16.5 插页 2	印　次	2009 年 1 月第 1 次印刷
字　数	248 000	定　价	35.00 元